TURISMO RURAL COMUNITARIO

TURISMO RURAL COMUNITARIO

Un aporte metodológico y herramientas prácticas

Graciela Inés Gallo
y Juan Manuel Peralta

teseo

EAN
ESCUELA ARGENTINA DE NEGOCIOS
INSTITUTO UNIVERSITARIO

Gallo, Graciela Inés
Turismo rural comunitario: un aporte metodológico y herramientas prácticas / Graciela Inés Gallo; Juan Manuel Peralta. – 1a ed. – Ciudad Autónoma de Buenos Aires: Teseo, 2018. 190 p.; 20 x 13 cm.

ISBN 978-987-723-178-6
1.Turismo. 2. Comunidades. 3. Desarrollo Sustentable. I. Peralta, Juan Manuel II. Título
CDD 338.4791

Imagen de tapa: Elaine Casap

© Editorial Teseo, 2018

Buenos Aires, Argentina
Editorial Teseo
Hecho el depósito que previene la ley 11.723
Para sugerencias o comentarios acerca del contenido de esta obra, escríbanos a: **info@editorialteseo.com**
www.editorialteseo.com
ISBN: 9789877231786

Las opiniones y los contenidos incluidos en esta publicación son responsabilidad exclusiva del/los autor/es.

Compaginado desde TeseoPress (www.teseopress.com)

Índice

Prólogo

JUAN PABLO LUNA

Turismo. Playa. Confort. Desayuno americano. Daikiris. *All inclusive.* Si ese fue durante mucho tiempo el imaginario dominante sobre el turismo, el libro que está en tus manos es un claro exponente de la crisis del paradigma. El surgimiento de nuevas modalidades turísticas rompió la hegemonía y obligó a repensar las categorías para definir lo que sucedía en ese campo disciplinar. Pero aún en este nuevo escenario post estereotipos, y permeable a las tendencias y actividades de nicho, la propuesta de Gallo y Peralta resulta académicamente iconoclasta. Contracultural.

Podrías entreverlo con una lectura rápida del índice, en la medida en que hasta se animan a proponer una tipología de turismo rural comunitario basada en sus aprendizajes. Pero es tan sutil la cadencia de la narración que me veo obligado a ser taxativo y enunciarlo en el prólogo, para que no te confunda su prosa amable y el halo de autoridad emanado de la experiencia. Inevitablemente, los autores lograrán convencerte de la inocencia de sus afirmaciones. La coherencia general del texto, su sólida propuesta metodológica y los casos mencionados que ilustran cada premisa funcionan como un tónico adormecedor que no te dará la oportunidad de oponerte intelectualmente. Por eso, cumplo en precaverte, para que el carácter revolucionario del contenido no te pase desapercibido.

En primer lugar, subvierten el sentido común sobre los atractivos y la motivación del viaje. Proponen que no son los paisajes ni la fauna ni los monumentos, ni siquiera la calidad de los servicios, sino las personas. Los ponen en el centro. Sus costumbres. Su cotidianeidad. En fin, lo que son sería el principal valor de las comunidades. Lo global valora lo local, dicen, y hacen hincapié en lo auténtico como condición *sine qua non* de la propuesta de valor de la ruralidad.

Pero sugieren que no es suficiente con la cotidianeidad en estado bruto. Es necesario hacer un proceso de deconstrucción creativa para que sus valores se transformen en una oferta turística, en un producto transable en el mercado. El paradigma cultural iluminista nos caló hasta los huesos, y en las dualidades 'civilización y barbarie', 'progreso y atraso', 'desarrollo y subdesarrollo', el ámbito rural siempre tuvo las de perder. En polarización con lo urbano, lo rural carga congénitamente con algún grado de complejo de inferioridad, internalizado tras siglos de influjo de un nocivo evolucionismo social. Y ahora, el turismo rural comunitario les propone que lo que son se transforme en un medio de vida. El impacto de ir contra lo aprehendido es contraintuitivo. Por esto, los autores dedican un capítulo entero a desandar mitos. Notarán que se proponen, a lo largo del libro, como artesanos de la identidad, como 'desocultadores', como quien ayuda a correr el velo para permitir ver lo que siempre estuvo allí. Su rol técnico tiene algo de mayéutico. Ante el 'acá no hay nada para ver' de quien está inmerso en su cotidianeidad, ponen en juego sus habilidades antropológicas y ayudan a desnaturalizar. A enfocar en perspectiva. A mostrar que para quien proviene de otro contexto, lo cotidiano es lo diferente. Y en ese proceso redefinen la identidad local, que se fortalece frente el espejo de la alteridad. Recuperar los valores de la comunidad, las costumbres, los saberes, las tradiciones propias es también una negación. Es establecer qué no son. "Nosotros no somos colchones de marca, lujo, ni desayuno continental", dirá una de las entrevistadas. Y esa afirmación no surge de la nada. Sólo nace cuando hay empoderamiento. Cuando la identidad local, fortalecida, supera la minoridad.

Pero entre *identidad* y *producto* hay un abismo de distancia, y así como proponen que lo local se transforme en un servicio comercializable, los autores atacarán abiertamente la demanda irrestricta. Contradiciendo el adagio de 'el cliente siempre tiene la razón', Gallo y Peralta instan a ayudar a los prestadores a poner en caja a los consumidores. Es que todavía hay quien visita una comunidad indígena y pretende ver personas vestidas con pieles. Clientes que valoran más las representaciones que lo auténtico. Y ante ese mercado instarán a trazar un límite. En el mismo proceso en el que ayudan a configurar los productos locales, ponen sobre la mesa el derecho de las comunidades a decidir qué quieren mostrar y qué quieren reservar para sí, en un ámbito de privacidad local. 'Montar un show' está en las antípodas del turismo rural comunitario, y así se lo harán saber a la oferta y a la demanda.

En realidad, para ellos, el TRC es una excusa. En este punto es donde dan cuenta de su verdadero propósito: lo económico es sólo un medio. Una ocasión para el desarrollo. Pero no cualquier tipo de desarrollo. Un desarrollo no evolucionista. Uno que presupone que no hay superiores e inferiores, sino que cada comunidad lo define a su medida. Su propuesta técnica tiene un costado moral: no todo turismo contribuye al desarrollo local. También está el turismo extractivo. El turismo irrespetuoso. El turismo apropiado, en el que el plusvalor tiene nombre y apellido. Contra ese modelo antepondrán un paradigma de desarrollo distribuido. Inclusivo. Respetuoso. Consensual. Colaborativo.

Ese modelo turístico es más difícil de construir, claro está. Requiere más trabajo y lleva más tiempo. Se erige al ritmo de la comunidad, y de-abajo-hacia-arriba. Tarda años en consolidarse. Y no está centrado en los actores externos sino en liderazgos locales. Es que la comunidad no es un todo homogéneo. Por el contrario. Hay familias, individuos, y dinámicas sociales complejas, como en cualquier otro ámbito humano. ¿Cómo lograr que, ante un mercado que está fuera y que no siempre conocen fehacientemente, consoliden una oferta que integre sus quehaceres gastronómicos, productivos, artesanales, religiosos, y culturales en general? No sólo que la consoliden, sino también que la comuniquen activamente y la comercialicen comunitariamente.

Es precisamente en ese punto donde dan la estocada final al sentido común. Sin hacerlo evidente se pondrán a sí mismos ante el tribunal. El rol del técnico no es para nada inocente. No lo reconocerán por humildad, pero los procesos que ejemplifican el texto difícilmente se hubieran cristalizado sin su participación técnica como catalizadores del proceso. A pesar de esto, no se subirán en el libro al pedestal de 'así se hacen las cosas', sino que lo expondrán con la generosidad de 'hemos aprendido a hacerlo de esta manera para que funcione'. Por contraposición, sin evidenciarlo demasiado, serán impiadosos con la figura del técnico tradicional. El que se centra en su saber proyectado en una pared mediante cañón digital y que interactúa con los actores de la comunidad con una lógica de 'toco y me voy'. Redefinen, en primera persona, la categoría de 'experto'. No se asumen como portadores, sino como facilitadores del saber. No ocupan el lugar de poder; por el contrario, se ponen al servicio de los actores locales, con un paquete de herramientas técnicas que instan a administrar cuidadosamente, y comparten en estas líneas. Se reconocen dinamizadores, pero no protagonistas del proceso.

Y en esto esconden un desafío no codificable. El rol técnico, facilitador, catalizador, tiene algo de especialista en turismo, pero también algo de antropólogo, de historiador oral, de sociólogo, de economista y de comunicador social. También mucho de docente. Esto es inevitable, porque es interdisciplinario, holístico, integral. Pero tan fácil es enumerar las competencias como difícil ponerlas en juego. El técnico debe conjugar una enorme habilidad para generar un 'contexto de asombro y reconocimiento' así como para enfrentar las propuestas locales con la crudeza del mercado. Para favorecer los 'momentos' de potencial sinergia y cooperación, así como mediar entre partes en conflicto. Ser interlocutor entre las instituciones y los actores locales, pero sin suplantarlos. Acompañar sin ser paternalistas. Ser empáticos, pero comprometidos con los resultados. Y estas competencias no se desarrollan leyendo y publicando *papers*. Se desenvuelven en el hacer. Con la experiencia. Embarrándose las botas.

Y el primer signo de madurez técnica es reconocer los límites de la propuesta para las comunidades. Los autores del presente libro no se asumen como portadores de una panacea. Acompañan un ritmo local en cuya cadencia aportan un ingrediente más. Saben que el turismo en espacios geográficos de difícil acceso, a veces inhóspitos y postergados en términos de servicios, tardará años en fortalecerse como opción, y desde esa modestia lo presentan como un complemento a otras vías de sustento familiar y local. Pero íntimamente saben que, por su carácter transversal y sinérgico, la actividad tiene el potencial de favorecer la diversificación productiva, la revalorización de saberes y la generación de oportunidades de inserción económica para los más jóvenes.

Y en la persecución de estos objetivos no tomarán atajos. Elegirán el camino largo. El de la gestión comunitaria y la apuesta a los bienes distribuidos, inscribiendo el turismo rural comunitario en el ámbito de la economía social. Es claro que ahí se da el verdadero debate. Dedicarán un capítulo entero a analizar las implicancias políticas del tema. No lo pondrán en estos términos, por lo cual me veo obligado a evidenciarlo. Hablarán de acompañamiento institucional. De intereses en pugna. De toma de decisiones. Y serán taxativos en señalar que no es la declamación sino la asignación de recursos lo que define la importancia que se le da a la ruralidad en general y al TRC en particular. Jerarquizar el tema también es legislar. Es mediar ante conflictos subsectoriales. Luchar contra las malas prácticas. Y, ante todo, aceptar la heterogeneidad. Respetar el modelo turístico que cada quien define para sí mismo y está dispuesto a validar en el mercado.

La última advertencia no es original. Esta sí la hacen los autores: no hay recetas. Ningún caso es replicable. No esperes del texto una prescripción infalible, sino una metodología que requiere adaptación y adecuación local. Abordar un trabajo serio en una comunidad rural implica interpelarse, enfrentarse a una lucha interior de arquetipos culturales. En terminología de Rodolfo Kusch, ante la presión de *ser*, muchas veces las comunidades elijen *estar*, y nos enfrentan a ese sentido originario de la vida que no sabe de metas y objetivos, porque se hace patente en una presencia plena en el aquí-y-ahora. Nos pone incómodos; después de todo, hablamos insistentemente de desarrollo, como hijos pródigos de nuestra herencia occidental. Un buen indicador para evaluar si logramos el suficiente grado de inmersión que es requerido para trabajar en una comunidad rural es la sensación personal de que hemos sido nosotros –los técnicos, los funcionarios, los 'externos'– quienes hemos vivido equivocados. De esa vivencia interna surge el verdadero respeto, basado en el reconocimiento de la igualdad esencial que nos une como género humano. Recién al hallarnos en ese umbral existencial estamos en condiciones de hacer carne la provocadora propuesta de Ernesto Sirolli en su magistral charla TEDx: "¿Quieres ayudar a alguien? ¡Cállate y escucha!".

Ellos dicen

Quisimos dedicar este espacio para que emprendedores en territorio, en algunas regiones en las que trabajamos, les cuenten: "¿Por qué el turismo es importante en sus vidas y para sus comunidades?".

El turismo comunitario es importante porque vivimos en comunidad y generamos nuestra propia fuente de trabajo aprovechando los recursos que nos brinda nuestro lugar. También así evitamos el desarraigo, poniendo en valor nuestra cultura, costumbres e historias además de la vivencia del día a día.
(Daniel Aillapan, Cabalgatas Pein Mawiza, Comunidad Sierra Colorada. Trevelin, Chubut.)

El turismo es un engranaje fundamental para el desarrollo de las comunidades rurales. Mueve mucho más que lo que se ve a simple vista. No es solo un plato de comida autóctono y con amor, un atractivo, una artesanía, un relato… Es mucho más que eso por la cantidad de actores que involucra y que pueden beneficiarse con la actividad. Para cumplir las metas, el hacer en grupo genera un mayor contagio positivo en la comunidad.
(Ivana Gopar, A Casa Mía comida de campo, Naturalmente las Flores. Las Flores, Buenos Aires.)

El turismo comunitario es importante en primer lugar porque nos une como grupo, nos permite unificar ideas, proyectos actuales y futuros, nos hace ver que todos tenemos actividades en común y despierta en cada familia el interés de crecer día a día y obtener a futuro grandes logros; a su vez, incentiva a los más jóvenes a involucrarse más en los proyectos familiares con miradas distintas e innovadoras. El turismo comunitario siempre fue, es y será importante ya que es una oportunidad de mostrar y ofrecer la belleza e impronta de

cada lugar y a su vez de brindar un servicio distinto con valo-
res propios de nuestra cultura Mapuche Tehuelche…PETU
MONGELEIÑ.
(Patricia Lauquen, Comunidad Mapuche-Tehuelche de
Nahuelpan. Esquel, Chubut.)

Consideramos fundamental afianzar el trabajo en grupo
para el desarrollo turístico rural, ya que no solo permite una
interacción entre los diferentes emprendedores, en función
de sus producciones o de los servicios que ofrecen, sino también entablar relaciones de amistad. Trabajar en grupo poten-
cia y delimita los servicios, buscando la complementación y
desechando la competencia. También permite poner en un
contexto más amplio las limitaciones e impedimentos que
nos son comunes a todos. Para consolidarlos son necesarios
al menos dos pilares fundamentales: primero, la intervención
rectora de los técnicos y su participación como coordina-
dores; y segundo, la intervención del Estado para brindar
todos los servicios que exceden a los recursos propios de los
emprendimientos, como la decisión política de tenerlos presentes en la planificación de las gestiones de los municipios,
el arreglo de caminos, la promoción del destino, etc.
(Silvia Romano y Juan Carlos Sassaroli, Reserva y Cabañas
"El Churrinche", Naturalmente las Flores. Las Flores, Buenos
Aires.)

El turismo comunitario es una fuente de empleo y de valoración de nuestros recursos. Nosotros nacimos y crecemos
relacionándonos con los animales, con la agricultura, con la
comida, con las tradiciones y con el clima… Queremos también poder contar eso a los demás.
(Grupo de trabajo de la Comunidad El Cóndor. Puna Jujeña,
Jujuy.)

El turismo rural comunitario es una gran oportunidad para
mostrar lo que hacemos con tanta pasión día a día, compartir
nuestros saberes y nuestras producciones. Esta actividad ayuda a las familias rurales a mostrar sus productos y forma de
ser junto a los vecinos que viven y sienten igual, en la misma
localidad o región. Los obstáculos que vamos enfrentando
para llegar a cumplir nuestros objetivos se viven y sortean

mejor en grupo que individualmente. Se favorece así una economía colaborativa utilizando los recursos rurales y dándoles un valor agregado que de por sí ya tienen. Muchas veces nos cuesta ver esas cosas que pueden resultarles de interés a quienes nos visitan: hay historias, recuerdos y todo tipo de vivencias dispuestas a ser compartidas... No solo nos fortalecemos como vecinos, sino que crecemos en comunidad.
(Franciela Altamirano, Finca La Franciela, Experiencia Rural Zárate. Zárate, Buenos Aires.)

El turismo comunitario y de base asociativa es importante para el crecimiento de cada una de las familias rurales y urbanas, para la economía de sus hogares y para el desarrollo local. Ofrece excelentes oportunidades para que artesanos y pequeños productores puedan mostrar sus habilidades y destrezas al momento de ofrecer sus productos, y en la relación de intercambio con los turistas. Genera nuevas posibilidades y nos vincula.
(Beatriz Weber, grupo de productores Yaá Ibicuy. Ibicuy, Entre Ríos.)

Para mí el turismo Rural Comunitario fue una puerta que se abrió para dejar atrás una etapa e iniciar otra. El descubrir aquellas actividades cotidianas que se realizan en el hogar de nuestros padres, de nuestros vecinos, actividades con una carga cultural muy importante pero tan común para nosotros, actividades que les permiten a los visitantes un aprendizaje, un introducirse en una familia y en la comunidad para entender cómo es la relación que existe entre sus habitantes. El que me visita viene a aprender, al principio cuando no entendía me molestaba la pregunta de "aquel otro". Hoy puedo darme cuenta de que mientras el otro aprende, yo enseño que parte de mi cultura conserva saberes que aún se siguen transmitiendo de generación en generación.
Vivir dentro de una cultura mapuche y poder trabajar hoy el turismo rural me lleva a recordar aquellos aprendizajes de mi abuela: hacer un rescoldo, hacer un charqui, recordar aquellos momentos cuando ella trataba de enseñarme el arte del hilado y el telar mapuche, también cuando todos nuestros mayores se juntaban a celebrar una rogativa o un Camaruco y cómo ellos insistían con que aprendiéramos el mapudungun

(lengua nativa), tantas cosas que si hoy miro hacia atrás puedo también darme cuenta de cuánto de mi cultura se ha perdido. Desde el turismo rural tengo la oportunidad de poner en valor todos aquellos saberes que están y que mucha gente aún usa. Poder mostrar la cultura también es darse la posibilidad de seguir creciendo, de seguir compartiendo con los demás y, sobre todo, mostrar que nuestro pueblo vive y que hay semilla para rato. Gracias enorme a aquellas personas que nos valoran y nos respetan… Mucho newen (fuerza) para todos.
(Olga Cheuquehuala, Comunidad mapuche-tehuelche de Lago Rosario. Trevelin, Chubut.)

Queremos trasmitirles el aprendizaje que hemos hecho desde un principio, desde nuestros inicios en el turismo rural, y cómo eso nos ayudó valorizar la parte productiva. Si respetamos la naturaleza nos estamos respetando a nosotros mismos, eso desde ya tiene una concepción comunitaria, no solo desde los vínculos humanos, sino desde el lugar que ocupamos como seres vivos. Nuestra impronta, nuestro discurso, nuestro pensar, nuestro decir, nuestro sentir y nuestro hacer se basan en esto y eso orienta todo lo que hacemos y lo que trasmitimos en nuestro proyecto.

Poner en valor a toda la comunidad humana que está trabajando en el mismo ambiente se hace importante. En nuestro caso, desde nuestra marca "Terra de Goyco" ya contemplamos lo ancestral (Goyco fue el último cacique Puelche habitante de estas tierras). La naturaleza tiene un rol muy importante en la forma en la que evolucionamos o involucionamos, justamente el turismo comunitario lleva a hacer esta reflexión: no estamos solos y tenemos que actuar pensando en todas las generaciones (anteriores, actuales y futuras). Nosotros valoramos nuestra cultura en su contexto. En el encuentro con el otro nos vamos redescubriendo, vamos valorando y vamos poniendo en la mesa todas estas opciones sobre las que el visitante no solo nos escucha y nos hace preguntas, sino que ellas nos dignifican.

Agruparnos para ofrecer servicios es conveniente desde el captar un público determinado, pero también nos mide en el trabajo grupal, nos enseña a superar dificultades y barreras que uno no contempla cuando trabaja solo, nos anima a crecer y madurar. Es muy positivo trabajar juntos, solo no se

puede, con los pares uno avanza mejor y está más animado a mejorar día a día. Lo que la colmena nos ha enseñado es que en comunidad se puede respetar lo prioritario, respetar la vida y el crecimiento; hemos llegado a una interpretación tal que debemos cuidar la naturaleza, es un conocimiento importante poder entender hasta dónde llegar y por qué debemos funcionar en comunidad como lo hacen nuestras polinizadoras.
(Ricardo y Silvana, Terra de Goyco, grupo asociativo Vivencias del Atuel. General Alvear, Mendoza.)

A nosotros esta posibilidad de vender en grupo y la experiencia del Mercado de la Estepa nos ha llevado a otras cosas que no se ven, que es la parte social. Para nosotros es lo más importante. Principalmente, se revalorizó el rol de la mujer ya que el 80% son mujeres que fueron valorizadas también en su comunidad. Por ejemplo, hay dos de las mujeres que en sus comunidades terminaron siendo autoridades locales (comisión de fomento). Dichas mujeres no sólo se encargan de cuestiones de artesanías, sino que también abarcan muchas otras acciones propias de cada lugar (caminos, agua potable, residuos, etc.).
(Ana Basualdo, referente del Mercado de la Estepa. Dina Huapi, Río Negro.)

Introducción

Trabajar con comunidades rurales y productores requiere de un perfil técnico y personal diferente a estereotipos tradicionales de la extensión. Esto implica considerar desde las primeras definiciones que los resultados esperados no siempre llegan en los tiempos que pretenden las instituciones, ya sea desde las plantas políticas o desde los técnicos en territorio.

Comprendido lo anterior, y en base a las lecciones aprendidas, consideramos que ningún proyecto de turismo comunitario será exitoso si no se contemplan premisas que a nuestro entender son elementales: las ideas deben surgir desde adentro hacia afuera y nunca por imposición o única visión de los asesores, quienes deben cumplir un rol de facilitadores y orientadores de los procesos; se deben poner en ejercicio capacidades de escucha activa y empatía; valorar la idiosincrasia local; respetar las ideas y formas de pensar de los pobladores; promover la resolución de los problemas con la visión propia de las comunidades; y compartir conocimientos con un lenguaje sencillo, ameno, y sin tecnicismos.

Entendemos el desarrollo turístico como un proceso complejo que requiere comprender que las acciones se construyen con la debida y necesaria participación activa de los "protagonistas locales", motivando sus iniciativas propias, y dejando capacidades instaladas en territorio que permitan la autogestión de los proyectos.

Con esta publicación, pretendemos sentar antecedentes y compartir las herramientas y criterios técnicos resultantes de nuestra experiencia para inspirar una innovadora forma de trabajo en el desarrollo del turismo rural comunitario. En los capítulos, los lectores podrán comprender nuestra visión sobre la compleja trama de relaciones e intereses que se ponen en juego en este apasionante trabajo.

Comenzamos con un análisis y aporte de cómo el turismo puede ser la herramienta necesaria para el desarrollo sustentable en contextos rurales, y destacamos la imperiosa necesidad de respetar la participación de las comunidades locales. Seguimos con una contribución a los diferentes tipos de turismo rural comunitario y una guía de aquellas actividades de cada tipología. Luego mencionamos lo que a nuestro entender son los recursos emblema relacionados con el turismo rural; dedicamos dos capítulos a la gastronomía y las artesanías como insumos principales, por excelencia movilizadores de turistas a distintas regiones, que están latentes en cada una de las comunidades y cuya valoración genera beneficios tangibles e intangibles para las familias rurales.

Dada la importancia del trabajo asociativo y del trabajo en red, abordamos sus características y particularidades propias, puntualizando las dificultades y necesidad de la resolución de conflictos que surgen del trabajo con otros, de la diferencia de visiones y del plantear objetivos comunes.

Por último, hacemos una reflexión sobre el complejo mundo de relaciones e intereses de las instituciones públicas que los emprendedores deben afrontar al momento de ofrecer una actividad turística en el espacio rural. También, y por distintas situaciones que encontramos en el hacer y que consideramos que podemos someter a debate, planteamos rever estereotipos muy instalados en las comunidades como : "A la gente no le va a gustar lo que soy", "Hacemos turismo para los extranjeros", "El turismo solo les da ganancias a los de afuera", "A los del pueblo no les interesa lo que ofrecemos", "Se necesita una gran inversión para emprender algo", "En red es más complicado", "Acá no hay nada para ver", entre otros que si no se modifican ponen en riesgo el proceso.

Invitamos, entonces, a aquellos emprendedores, funcionarios públicos, docentes o alumnos universitarios y secundarios, y a todo aquel interesado, a conocer nuestra visión e interiorizarse más sobre el desarrollo del turismo rural comunitario en Argentina.

1

El turismo rural comunitario como herramienta de desarrollo local

Con frecuencia, el solo hecho del acercamiento de facilitadores, técnicos e instituciones de diversa índole que demuestran interés en el crecimiento local y regional origina cambios, vinculaciones y expectativas. La novedad y los espacios de trabajo que se pueden proponer incentivan las relaciones humanas, el intercambio de conocimientos, el debate de visiones y el análisis de posibilidades que les son propias por contar con capitales identitarios (culturales, productivos, históricos y naturales) y que permanecen latentes a la espera del redescubrimiento y la valoración. Pero no se trata solo de descubrir y relacionarse, sino también de poder obtener en el proceso aquellos resultados que faciliten la continuidad de las ideas y su concreción en proyectos y microempresas locales y/o regionales, ya sean de servicios, de productos autóctonos o de producción de artesanías, entre otros.

El turismo es una actividad que ha evidenciado un marcado crecimiento en las últimas décadas. Su condición de generador de divisas e ingresos, captador de mano de obra local, dinamizador de cadenas de valor asociadas, revalorizador del patrimonio, entre otras, hace que los gobiernos locales se preocupen por este sector con creciente interés. A raíz de ello, los distintos estamentos de política pública han comenzado a implementar medidas de asistencia a través de políticas de fomento, capacitación, desarrollo e integración entre las distintas áreas involucradas. No obstante, el impulso de variadas iniciativas de orden comunitario se logra por múltiples decisiones, con fondos que se gestionan en diferentes ventanillas de financiamiento y, pocas veces, por programas específicos de desarrollo y fortalecimiento del turismo rural como medio de vida y/o subsistencia. Es esta una de las grandes falencias en la política turística de Argentina.

Otra de las particularidades a considerar son los tiempos en los que se esperan resultados concretos, y de qué manera la necesidad de realizar informes con indicadores puntuales (pocas veces acordes a la actividad) apura los momentos y procesos de los emprendedores participantes de los proyectos. En nuestra experiencia, para que un proyecto de turismo rural comunitario se conforme, se consolide y adquiera autogestión se requiere un mínimo de dos a cuatro años con experiencias concretas de intercambio con los turistas y momentos de evaluación de las vivencias para fortalecer los productos y considerar nuevos. Desde este punto, la planificación puede contemplar un crecimiento y fortalecimiento sostenido en servicios y en escala, siempre priorizando aquello que las familias desean ofrecer, en qué tiempos y con qué frecuencia. En la mayoría de los casos, la actividad turística es complementaria a las producciones familiares y, justamente, viene a romper períodos de alta estacionalidad, generando ingresos económicos adicionales.

El contacto con foráneos, si bien puede presentar una resistencia inicial, se supera rápidamente originando mejoras en las comunidades cuando los individuos o familias interaccionan unos con otros; y también al incorporar el sentido de pertenencia a un sistema que en muchos casos los mantenía excluidos.

A modo de ejemplo: hace unos años, en Campo Viera, Misiones, cuando en un taller un productor de pacú descubrió que el cuero puede ser curtido para uso decorativo de calzado e indumentaria, el zapatero del pueblo, que estaba a su lado, le propuso:
–*Si vos curtís el cuero, yo te lo compro para mejorar los zapatos que hago.*

En este contexto, prestar especial atención a las dinámicas que se generan en los espacios de trabajo y hacer de ello oportunidades aprovechables para el desarrollo turístico y la generación de empleo local es uno de los grandes desafíos que nos planteamos con esta propuesta metodológica. Dedicamos un capítulo especialmente a las Alianzas Emergentes y a los Lazos Preexistentes (Gallo, 2017) por considerarlos clave para el impulso de cualquier propuesta de diseño participativo. Es necesario reconocer los entramados socio-productivos previos y las relaciones conexas y emergentes que se establecen cuando la gente se encuentra, analiza, debate, expone sus ideas y construye nuevas, generalmente con un objetivo común. En esos procesos, el rol del facilitador como moderador es clave.

Superamos, de esta manera, el tradicional esquema de identificación de recursos, diagnóstico de atractivos y atención a la demanda, para incorporar elementos socioproductivos y sociotécnicos propios de la visión de cada una de las comunidades, que en sí mismas tienen una forma única de resolver cuestiones, buscar soluciones y hacer las cosas. Particularidades que difieren de una región a otra de nuestro país y que se vinculan con el carácter, la cultura, la naturaleza, el clima y las actividades características de cada zona. En este punto es vital considerar también las motivaciones de los actores, las características emprendedoras de los participantes y los vínculos familiares intervinientes en cada una de las propuestas, entre otros.

Cuando las propuestas surgen desde adentro de las comunidades, considerando sus intereses particulares y grupales, los proyectos tienen mayor orgullo de pertenencia, perduran en el tiempo, crecen, se fortalecen y generan beneficios sociales, económicos, culturales y ambientales. Una mirada que, necesariamente, vincula proyectos turísticos con recursos disponibles y con los proyectos de vida de los integrantes.

El turismo bien concebido y bien gestionado puede hacer una contribución importante a las tres dimensiones del desarrollo sostenible: social, económica y ambiental. Tiene estrechos vínculos con otros sectores y puede crear empleo genuino, además de generar oportunidades comerciales (Naciones Unidas, Conferencia Rio+20, 2012).

La planificación estratégica solo cobra sentido en tanto se ajusta a las necesidades y rasgos dominantes de la comunidad local que haya decidido iniciar un proceso de planificación. Asimismo, la capacidad que tiene de integrar coherentemente las aportaciones de los actores y agentes sociales junto a las de los gestores administrativos pertenecientes a distintos ámbitos sectoriales permite que la elaboración y seguimiento del plan sea lo más participativa y consensuada posible (Varisco et al., 2014).

Las actividades recreativas en ámbitos rurales imprimen, en los visitantes, experiencias que perduran por muchos años sin importar la edad, y despiertan pasiones que indefectiblemente pasan de generación a generación. La pregunta que debemos hacernos es: ¿de qué manera podemos ayudar a otros a conocer lo que conocemos para que también ellos puedan valorarlo y protegerlo? La respuesta se encuentra en el saber de las personas locales, en la trasmisión de conocimientos, en el compartir lo que se presenta como cotidiano pero que para otros no solo es algo digno de ver, sino que están dispuestos a pagar por ello, por una vivencia compartida, por una experiencia diferente, por un momento que puedan mostrar a otros al regresar a su lugar de origen, ese "yo estuve ahí" o "yo hice tal experiencia" (la *selfie o historia*) que establece la diferencia entre el turista que ingresa a un sistema determinado (pueblo, comunidad, familia) y la persona que resulta enriquecida al salir del mismo.

Entendemos el desarrollo turístico de manera holística (Montero y Parra, 2001), como un conjunto de sistemas de distinta envergadura que se relacionan entre sí, que tienen vida propia y que, necesariamente, requieren de las interacciones internas y con el exterior para poder permanecer y sobrevivir en contextos de competitividad en permanente movimiento.

En palabras de Gallopin (2003), todos los sistemas que tienen existencia material son abiertos y mantienen intercambios de energía, materia e información con su ambiente que son importantes para su funcionamiento. En consecuencia, el comportamiento de un sistema, "lo que hace", no solo depende del sistema mismo sino también de los factores, elementos o variables provenientes del ambiente del sistema y que ejercen influencia en él (las "variables de entrada", o insumos); por otra parte, el sistema genera variables que influyen en el entorno (las "variables de salida" o productos).

Las variables de estado del sistema son aquellas internas; en esas variables y relaciones observamos y valoramos particularmente los vínculos previos al trabajo con las comunidades para el desarrollo turístico, las alianzas emergentes de las actividades realizadas durante el proceso, y sus posibles variables de salida y de relación con otros sistemas. En estas dinámicas, vemos un mar de oportunidades.

Gráfico 1. Gallopin, G., 2003

SISTEMA ABIERTO: LAS VARIABLES DE ESTADO
SON AQUELLAS INTERNAS AL SISTEMA

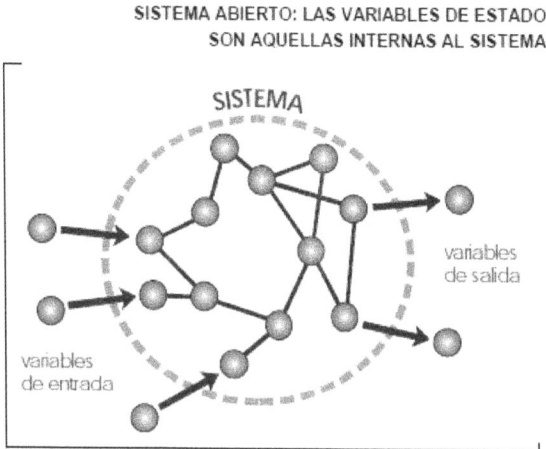

No entraremos en detalles en esta publicación sobre las distintas visiones de sostenibilidad y desarrollo sostenible. Sí, es importante plantear la necesidad de reflexionar sobre estos aspectos que definen las políticas públicas de los países y sobre la concepción que adoptamos para los trabajos en territorio y para las propuestas metodológicas abordadas y aplicadas a los productos turísticos comunitarios con los que trabajamos.

El proceso de puesta en práctica del desarrollo sostenible exige complementar la aplicación de un enfoque sistémico con la integración de perspectivas múltiples (Gallopin, 2013). Para ello, es necesario poder rever los indicadores de sostenibilidad, qué es lo que se está midiendo como resultados exitosos de nuestras tareas y reorientarlos a metas alcanzables y para los destinatarios de cada proyecto.

Planteamos un cambio de mirada al respecto: no desde los resultados esperados por equipos técnicos y organismos que financian las actividades, sino pensando específicamente en para qué ha sido de utilidad el ponerse en marcha y trabajar con las comunidades sobre el desarrollo turístico como posibilidad. A modo de ejemplo, esto es: al indicador "Capacitaciones realizadas" le debe corresponder "Conceptos y herramientas aprendidas por los participantes y aplicadas en territorio"; al indicador "Cantidad total de participantes en los talleres", le corresponde "Número de emprendedores y alianzas estratégicas emergentes resultantes"; al ítem "Cantidad de actores identificados", le corresponde "Cantidad de actores identificados y con posibilidades de ser parte del proyecto"; al "Número de recursos identificados", necesariamente debe corresponderle "Número de productos turísticos resultantes en base a los recursos identificados"; al ítem "Familias alcanzadas por la actividad", le corresponde "Familias obteniendo beneficios por la actividad". Pretendemos cambiar la mirada pensando en resultados tangibles e intangibles, replicables y de crecimiento paulatino en cada comunidad. No basta con llenar informes, formularios y trabajar sobre la mirada profesional de "lo que se podría hacer". Nosotros promovemos "el hacer", y desde ese lugar aprender a mirar más oportunidades. Lo más importante en nuestra labor es: en una primera instancia, centrarnos en el rol de escucha; después, comprender la visión local y aportar herramientas técnicas para llevar adelante las ideas de los pobladores.

Entendemos el desarrollo sostenible como la mejora en la calidad de vida de las personas, incluya esto una mejora económica (ingresos), una mejor relación con los recursos naturales y el ambiente, una mejor alimentación, acceso a educación y salud, valoración de su cultura, y/o dignificación, entre otros aspectos no necesariamente materiales.

En este sentido, Maslow y Lowery (1998) en Gallopin (2003) sostienen que la calidad de vida comprende la satisfacción de las necesidades humanas materiales y no materiales (que resulta en el nivel de salud alcanzado) y de los deseos y aspiraciones de las personas (que se traduce en el grado de satisfacción subjetiva logrado).

Para Gallopin (2003), la sostenibilidad es un atributo de los sistemas abiertos a interacciones con su mundo externo. No es un estado fijo de constancia, sino la preservación dinámica de la identidad esencial del sistema en medio de cambios permanentes. Un número reducido de atributos genéricos pueden representar las bases de la sostenibilidad. El desarrollo sostenible no es una propiedad sino un proceso de cambio direccional, mediante el cual el sistema mejora de manera sostenible a través del tiempo.

Las necesidades, deseos y aspiraciones de los seres humanos pueden lograrse a través de una variedad de satisfactores alternativos materiales y no materiales (Maslow y Lowery, 1998). Esto nos ofrece un amplio abanico de trabajo que va más allá de los estándares tradicionales de diagnóstico y desarrollo de productos turísticos.

Esquila de vicuñas (Chaku), Puna Jujeña

Criaderos de llamas en Oratorio, Jujuy

Carrero de Alto Rio Percy, Chubut

2

Sostenibilidad y derecho participativo

Entendemos por Turismo Rural Comunitario (TRC) aquel que encuentra sus pilares en la valoración de saberes y recursos, en la autogestión de la propuesta y en la distribución de los beneficios económicos para los pobladores rurales, en especial pueblos originarios y familias campesinas, además de garantizar los derechos de participación en todas las instancias, siendo este colectivo social el principal actor en la toma de decisiones.

Las propuestas turísticas de base comunitaria ofrecen oportunidades de diversificación productiva y de generación de nuevas actividades para poblaciones que se encuentran emplazadas lejos de las grandes ciudades, en territorios muchas veces inhóspitos o de difícil acceso. El TRC es una herramienta importante para la generación de empleo, el arraigo rural, la disminución de la pobreza y la preservación de los ambientes. Es fundamental que en este proceso de construcción colectiva las comunidades comprendan que tienen derecho adquirido para decidir qué desean mostrar y qué preservar como parte de sus saberes internos e identidad, y asimismo conservar en el ámbito de su privacidad aquellos conocimientos o costumbres que no serán compartidos con los demás.

Es responsabilidad de los técnicos en territorio y de los facilitadores de proyectos garantizar el cumplimiento de esas decisiones y velar por el respeto mutuo entre los anfitriones y los foráneos, promoviendo el enriquecimiento personal y grupal basado en un intercambio cultural auténtico. Estos conceptos, elaborados en base a las lecciones aprendidas luego de muchos años de trabajo en distintas regiones de Argentina, se corresponden con los Objetivos descriptos en la Agenda 2030 para el Desarrollo Sostenible (ODS) de la Organización Mundial del Turismo (OMT, 2015).

Esa agenda mundial promueve la generación de acciones puntuales y de realidad práctica para atender problemas y ofrecer soluciones en relación a 17 ítems: 1. Fin de la pobreza, 2. Hambre cero, 3. Salud y bienestar, 4. Educación de calidad, 5. Igualdad de género, 6. Agua limpia y saneamiento, 7. Energía asequible y no contaminante, 8. Trabajo decente y crecimiento económico, 9. Industria, innovación e infraestructura, 10. Reducción de las desigualdades, 11. Ciudades y comunidades sostenibles, 12. Producción y consumo responsables, 13. Acción por el clima, 14. Vida submarina, 15. Vida de ecosistemas terrestres, 16. Paz, justicia e instituciones sólidas, 17. Alianza para lograr los objetivos.

A esos ítems agregamos el de la Inclusión, ya que las actividades turísticas de base comunitaria vinculan y relacionan a sus pobladores con otras personas y los animan a estrechar lazos sociales y comerciales con un sistema del que se habían autoexcluido, o del cual habían sido excluidos.

El rasgo distintivo del turismo comunitario es la dimensión humana de la aventura, al alentar un verdadero encuentro y diálogo entre personas de diversas culturas en la óptica de conocer y aprender de sus respectivos modos de vida. El factor humano y cultural, vale decir antropológico de la experiencia es el que cautiva al turista y prima sobre la inmersión en la naturaleza (Maldonado, 2005).

Para Guastavino (2015), el turismo en zonas rurales fortalece el capital social porque promueve la participación y el asociativismo entre los emprendedores, otorga un mayor protagonismo a las mujeres y a los jóvenes en los emprendimientos y fomenta el arraigo rural, al ofrecer oportunidades de complementación de actividades e ingresos económicos a la población local. A su vez, mejora la competitividad al favorecer la diversificación y dife-

renciación de actividades económicas, así como el aprove-
chamiento de los encadenamientos entre actividades en el
territorio; incrementa el valor agregado en origen y la rein-
versión local de los ingresos generados; y mejora también la
calidad de las producciones locales al aumentar las oportunidades de comercialización de los productos de la región.

Entendido de esta manera, lo comunitario en el ámbito
empresarial designa una forma cualitativamente diferencial
de propiedad, organización productiva y fines perseguidos
(con respecto a la empresa privada y la empresa pública).
Se rige por el control social de los recursos y el reparto
equitativo de los beneficios que reportan al ser valorados a
través del mercado. La empresa comunitaria forma parte de
la economía social, al igual que las cooperativas, mutuales
asociaciones y otras formas de producción fundadas en los
valores de solidaridad, cooperación laboral y autogestión
en busca de la eficiencia económica que genera la logística
asociativa (Maldonado, 2005).

Impulsar el desarrollo económico local en beneficio de
las familias rurales es una de las metas más importantes que
perseguimos con estas acciones y con nuestras propuestas
de trabajo. En ellas, la articulación entre instituciones, los
intercambios emprendedores entre referentes de cada actividad en distintas regiones de Argentina y el armado de una
sólida red de relacionamiento que trascienda las acciones
puntuales se convierten en la clave del éxito de los proyectos y definen su continuidad en el tiempo.

En palabras de Alburquerque (2004), no compite la
empresa aislada, sino la red y el territorio. Son indispensa-
bles para el desarrollo económico local las relaciones sociales y la formación de redes asociativas entre actores locales.
Con igual importancia, generar espacios de participación
para el diseño, implementación y evaluación de las acciones que se realicen es elemental para garantizar que los
intereses e inquietudes de los participantes locales estén
efectivamente representados.

En nuestro país, el Instituto de Nacional de Asuntos Indígenas (INAI), autoridad de aplicación de política indígena, garantiza el derecho de participación que tiene por objetivo establecer un diálogo intercultural entre los pueblos originarios y el estado. Para ello se debe respetar la cosmovisión de cada pueblo y brindar en su caso información oportuna, transparente y adecuada.

Entrevistas con pobladores rurales

El manual de la FAO (2016) también detalla sobre el Consentimiento libre, previo e informado (CLPI), que se aplica de forma obligatoria cuando se trata de realizar proyectos que abarcan territorios de comunidades originarias:

> La participación se basa en principios clave de los derechos humanos sobre la autonomía individual y la libre determinación como parte de la dignidad humana básica. La dignidad humana difiere conceptualmente de las ideas a menudo usadas tradicionalmente en el desarrollo, como 'satisfacción' o 'bienestar', subrayando la elección activa en oposición al

hecho de convertir a las personas en "receptores pasivos de beneficios". La participación en todas las fases del desarrollo se recoge en el primer artículo del Pacto Internacional sobre Derechos Civiles y Políticos (ICCPR, siglas en inglés) y en el Pacto Internacional sobre Derechos Económicos, Sociales y Culturales (ICESCR, siglas en inglés), que establece que todas las personas tienen derecho a su libre determinación y que "en virtud de este derecho establecen libremente su condición política y proveen asimismo a su desarrollo económico".

Asimismo, es importante resaltar que las relaciones con pueblos originarios están amparadas por la constitución Nacional (Art. 75 inc. 17), y por la ley 24.071 que ratificó el Convenio 169 –aprobado por la OIT– sobre pueblos y comunidades indígenas y tribales. Su protagonismo se destaca también en el derecho a la participación en los asuntos públicos del artículo 25 del ICCPR.

Según la Oficina del Alto Comisionado de las Naciones Unidas para los Derechos Humanos (ACNUDH), este derecho implica la expresión de ideas políticas, la elección de políticas y de medidas de implementación, monitoreo y evaluación. La implicación de expertos en esas fases debería ser transparente y presentada de forma que sea entendida por todas las partes.

Con el fin de asegurar que la población pueda participar, se debe garantizar un mínimo nivel de seguridad económica, deben realizarse actividades de generación de capacidades (incluida educación sobre derechos humanos) y debe permitirse que la sociedad civil prospere garantizando la libertad de asociación y otros derechos civiles y políticos (FAO, 2016).

Es nuestra responsabilidad, como técnicos en territorio que generalmente oficiamos como nexo entre las instituciones y las comunidades, garantizar el ejercicio de los derechos de libertad de expresión e información, libertad de asociación y asamblea, y el derecho a participar en la vida cultural, entre otros aspectos. Las propuestas turísticas exigen un gran compromiso por parte de los pobladores en el diseño y en el sostenimiento de la oferta; para ello el compromiso y las obligaciones deben basarse en el pleno derecho participativo.

Por su parte, el gobierno debe ofrecer garantías de libre trabajo y expresión, además de facilitar acceso al financiamiento para que la oferta turística pueda ser desarrollada en los términos legales correspondientes y anime a los productores a crecer con el transcurso del tiempo.

Poder contar con una normativa nacional de habilitaciones acordes a la actividad turística rural y con opciones de seguros pensados a la medida de las propuestas de los pequeños oferentes, generalmente de índole familiar, son temas pendientes en Argentina. Encontrar una resolución a estos aspectos es prioritario. Como antecedente, algunas provincias han impulsado legislaciones provinciales y/o municipales con buenos resultados de aplicación. Trabajar sobre esos casos particulares puede constituir una excelente inspiración para normativas específicas que incluyan el desarrollo del turismo rural y comunitario.

Desde el informe Brundtland (Nuestro Futuro Común, 1987), se han llevado a cabo múltiples acciones tendientes a favorecer el desarrollo en armonía con la naturaleza, teniendo en cuenta las generaciones presentes y futuras, y significaría el desarrollo económico para los pueblos postergados; pero lo cierto es que han transcurrido treinta años y no se han alcanzado mínimamente los objetivos fijados.

Las propuestas turísticas rurales, en muchas regiones de nuestro país, cuentan con un marco natural paisajístico que es sostén de todas las ofertas, y el ambiente y los diversos ecosistemas son cuidados y conservados con celoso compromiso por parte de los pobladores y hacedores que prestan servicios turísticos (cabalgatas, caminatas, eventos varios). El amor a la tierra, al paisaje, a tener relaciones respetuosas con todas las manifestaciones de la naturaleza, está en la génesis de la "gente de la tierra", sobre todo si se observa a los prestadores campesinos y a quienes descienden de pueblos originarios. Un ejemplo de ello, son los mapuche-tehuelches que traen de antaño la visión de respeto y amor a la "Mapu" y los pueblos andinos con sus ofrendas a la "Pachamama".

A continuación, realizamos un aporte sobre cómo el turismo rural comunitario contribuye a alcanzar los Objetivos de Desarrollo Sostenible 2030 de las Naciones Unidas.

El Turismo Rural Comunitario (TRC) en el contexto de los Objetivos de Desarrollo Sostenible 2030 de las Naciones Unidas

1. Fin de la pobreza	El TRC genera empleo para los integrantes de las familias participantes, especialmente para los jóvenes.
2. Hambre cero **3. Salud y bienestar**	La generación de empleo y el nuevo ingreso de divisas por las actividades de TRC favorecen la alimentación y mejoran el acceso a la salud y el bienestar de los habitantes.

4. Educación de calidad	Un mejor pasar económico, sumado a la autovaloración de cultura, saberes y recursos, favorece la inserción y permanencia de niños y jóvenes en los espacios educativos disponibles. Un tema pendiente en muchas regiones de Argentina es la ampliación de niveles educativos en las zonas rurales.
5. Igualdad de género	El TRC integra familias de manera horizontal; las mujeres, general- mente relegadas a las tareas de la casa y a la crianza de los hijos, son quienes coordinan las actividades, ofrecen gastronomía típica y tienen un rol fundamental en la relación y el vínculo que se genera con los turistas.
6. Agua limpia y saneamiento	El interés de llevar adelante pro- puestas turísticas en zonas alejadas de las ciudades, donde la infraes- tructura de servicios es nula o pre- caria, motiva con frecuencia la inversión estatal necesaria para atender esas necesidades. Las mejoras implican un beneficio directo para los habitantes y para el fortalecimiento de sus produccio- nes.

7. Energía asequible y no contaminante	Por su ubicación geográfica, las comunidades rurales se caracterizan por el uso razonable de la energía, muchas veces originada por el aprovechamiento de los recursos naturales (paneles solares, molinos de viento, etc.). Trasmitir estos valores y el manejo de los recursos para la satisfacción de las necesidades básicas y familiares motiva grandes aprendizajes en quienes disponen de todos los recursos en las ciudades, sensibiliza a las empresas y forma hacia el futuro en el vínculo con las escuelas.
8. Trabajo decente y crecimiento económico	Cuanta más tierra adentro uno desanda caminos, más limitadas son las posibilidades de conseguir empleo local. Si hay, suele ser precarizado y los trabajadores migran de sus hogares de cuatro a seis meses al año para cosechas, esquilas u otras tareas rurales. El TRC abre posibilidades para aquellos que desean otro tipo de empleo, cerca de sus hogares y en mejores condiciones laborales.
9. Industria, innovación e infraestructura	El proceso de valoración de recursos abre una gran ventana de oportunidades para la generación de microemprendimientos productivos que pueden escalar a empresas de distinta envergadura. La innovación y la infraestructura van directamente ligadas a este crecimiento.

10. Reducción de las desigualdades	La generación de oportunidades es un camino fructífero para la igualdad social, cultural y económica. Algunas comunidades aprovechan mejor estas ocasiones y otras en menor medida. Pero el TRC brinda espacios de trabajo conjunto, de poder mirarse unos a otros y de igualar en muchos sentidos a las personas. En un trabajo de introspección intenso, la mirada y el vínculo con los foráneos también invitan a la autovaloración, mejoran la autoestima y animan a pensar (y aprovechar) nuevas posibilidades. Aquello que era poco importante para cada uno (generalmente vinculado a la cotidianeidad), se convierte en algo de alto valor ante la ponderación y el disfrute de los otros. El empoderamiento que cada individuo hace de su propia realidad y de su identidad se convierte en un claro ejercicio de su derecho a la libertad.
11. Ciudades y comunidades sostenibles	Ofrecer servicios en el contexto del TRC invita a repensar los espacios comunes, los propios y los que se compartirán con los visitantes. También se definen aquellos valores que se desean trasmitir y los que conforman la identidad. La sostenibilidad está al orden del día y si bien no surge con la palabra expresa, sus parámetros están presentes en el diseño, desarrollo e implementación de las propuestas. Las instancias de reflexión comunitaria invitan a pensar mejores formas de aprovechar los recursos, de tratar los residuos y de mitigar el impacto de la actividad turística.

| 12. Producción y consumo responsables | Las huertas familiares y la concepción productiva agroecológica de muchas comunidades rurales invitan a la concientización sobre la necesidad de generar entornos productivos responsables con el medio ambiente, así como alimentos saludables. Estas particularidades vinculadas directamente al *saber hacer*, y al *saber ser* de las personas en cada lugar del país, constituyen en sí mismas atractivos de importancia en los productos de TRC. |
| 13. Acción por el clima
14. Vida submarina
15. Vida de ecosistemas terrestres | La cosmovisión de las comunidades originarias y de las pequeñas aldeas rurales resume estos tres ítems hacia la protección y uso sustentable del entorno y de los recursos naturales, ya sean marítimos y/o terrestres. Existen allí técnicas ancestrales que podrían inspirar innovaciones productivas más amigables. |

16. Paz, justicia e instituciones sólidas	La vinculación y el trabajo interdisciplinario entre las instituciones sociales, los organismos públicos y las iniciativas privadas es elemental para el modelo de desarrollo rural de gestión participativa y bajo los parámetros del desarrollo sostenible. En ese contexto, la paz, la justicia y la igualdad son ejes elementales para el fomento y fortalecimiento del TRC.
17. Alianza para lograr los objetivos	Necesariamente, el TRC requiere de alianzas estratégicas (generalmente de colaboración) y del trabajo asociativo de sus integrantes como modelo de gestión.
A los que agregamos: Inclusión	Las actividades turísticas de base comunitaria vinculan y relacionan a sus pobladores con otras personas, los animan a estrechar lazos sociales y comerciales con un sistema del que se habían autoexcluido, o del cual habían sido excluidos. Esto no solo dignifica a las personas, sino que permite repensar el futuro para las próximas generaciones.

Gallo y Peralta, 2018. Elaboración propia.

3

Tipología y oportunidades del turismo rural comunitario

Para clasificar los distintos tipos de turismo rural comunitario se deben considerar las motivaciones que llevan a las personas a desplazarse de un lugar a otro en la búsqueda de nuevas experiencias, de espacios para el descanso, de reactivar una conexión cada vez más necesaria entre el ser humano y la naturaleza.

Esas motivaciones encuentran en las iniciativas locales atractivos que satisfacen esas necesidades y que ofrecen, además, la oportunidad de conocer otras formas de vida, saberes ancestrales, fusiones entre distintas etnias, recetas únicas y productos gastronómicos de cada región.

El turismo comunitario motiva la revalorización de aspectos identitarios y cotidianos que, puestos en común e interpretados para la oferta turística, enriquecen las propuestas y generan nuevos atractivos antes no explorados.

Para la Organización Mundial de Turismo (OMT, 2013), todo producto turístico está constituido por una combinación de hasta tres factores:

Vivencial: festivales, actividades, comunidad, eventos, comidas y entretenimiento, compras, seguridad, servicios, actividades de marketing.

Emocional: recursos humanos, culturales e históricos, hospitalidad.

Físico: infraestructura, recursos naturales, alojamiento, restaurantes.

El turismo comunitario es un rubro en permanente crecimiento, cada vez más especializado, y en un proceso constante de profesionalización. Sus ventajas para las comunidades participantes son de fácil visualización, lo que anima a seguir pensando en esta alternativa como motor para el desarrollo territorial local y regional. No obstante, se debe considerar y prestar especial atención a los efectos negativos que pueden ocasionar prácticas comerciales de alto impacto, con escasa participación comunitaria, y con frecuencia motivadas por una comprensión errada de lo que significa satisfacer la demanda turística, sin contemplar las verdaderas necesidades e intereses locales.

A modo de ejemplo, y muy a nuestro pesar, es frecuente ver ofertas impulsadas por agencias de viajes y asesores privados que, haciendo usufructo de las necesidades básicas insatisfechas de muchas comunidades aisladas de nuestro país, impulsan atractivos no participativos en los que "el paquete" se arma a medida de la demanda, se les dice a las personas qué tienen que hacer y el precio se establece arbitrariamente, con ganancias dispares entre las partes. Los operadores ganan considerables sumas y las familias que participan reciben escasos ingresos. Las propuestas, en este caso, son totalmente opuestas a nuestra forma de entender el turismo rural comunitario.

Caminatas con baquianos en Lago Rosario, Chubut

En esa búsqueda, los criterios expresados en esta publicación se encuentran también en concordancia con los principales retos y estrategias de gestión que promueve la Organización Mundial del Turismo para el desarrollo sostenible de proyectos basados en el patrimonio cultural inmaterial (OMT, 2013):

Es imprescindible entender los nexos entre los agentes interesados; definir los productos turísticos considerando los actuales o realizando innovaciones; identificar a los agentes interesados y crear mecanismos de participación; mantener la autenticidad; forjar asociaciones entre sectores sociales, públicos y privados; desarrollar productos con criterios de sostenibilidad; conciliar educación y entretenimiento; anteponer el beneficio a largo plazo al beneficio inmediato, garantizar el dinamismo cultural; establecer sistemas de investigación y seguimiento; y fijar los límites de cambio aceptables, promoviendo negociaciones sensibles entre el espacio local y el espacio turístico.

Así, el diseño de productos de turismo comunitario, tal como lo entendemos, debe contemplar la visión comunitaria, sus intereses y motivaciones grupales y particulares. Desde esta forma de trabajo, se identifican recursos disponibles y actores posibles (líderes y responsables) que se deben convertir en productos y servicios que satisfagan las demandas de los visitantes, pero que también los animen a realizar nuevas experiencias y a imprimir vivencias originales, de antemano no demandadas pero que son parte del patrimonio identitario del lugar. El factor sorpresa acompañado de un relato acorde genera reacciones positivas, que animan a los turistas a contarles a los otros (generalmente de su entorno familiar, de amistad o laboral), dándoles las razones suficientes para que también disfruten de esas vivencias.

Los ejes de trabajo para recursos y atractivos se sintetizan en: Gastronomía y artes culinarias; Saberes locales y creencias; Recursos naturales; Arquitectura; Agroindustria; y Artesanías. A su vez, estos se vinculan con la tipología de turismo comunitario que proponemos en este capítulo.

Plantando árboles en Reserva El Churrinche, Las Flores, Buenos Aires

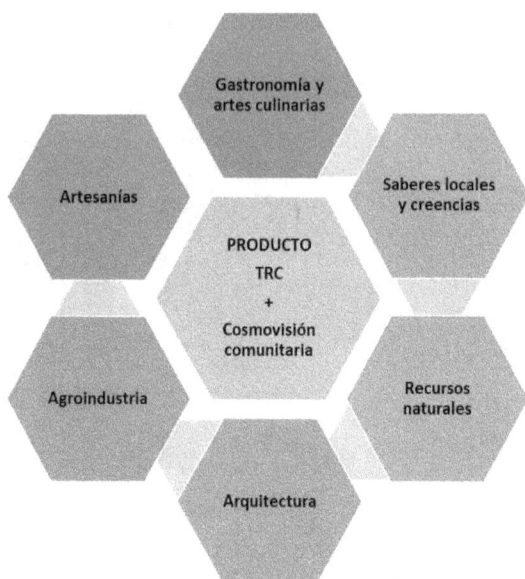

Gallo y Peralta, 2018. Elaboración propia.

El diseño, la gestión y el acompañamiento de productos turísticos de gestión participativa en los que venimos trabajado conjuntamente desde el año 2013 en distintas provincias de Argentina nos ofrecen varias lecciones aprendidas que nos animan a ofrecer esta tipología del turismo comunitario con la intención de jerarquizar esa modalidad en el contexto de otras ofertas turísticas nacionales.

En un mundo cada día más globalizado, las inmersiones etnográficas y el desarrollo de propuestas concebidas con una fuerte impronta antropológica incentivan el trabajo interdisciplinario e invitan a realizar un ejercicio permanente de apertura, aprendizaje y valoración.

Tipología de Turismo Rural Comunitario (TRC)
en base a las lecciones aprendidas

Tipos de TRC	Descripción	Actividades de Interés
Turismo vivencial	Las familias invitan a los visitantes a compartir su cotidianeidad. Su vivienda, su vida en comunidad, sus actividades agropecuarias, sus tradiciones y artesanías. La vivencia tiene como objetivo mostrarles una forma de vida única y particular, con las características de una determinada región. Es un encuentro entre culturas en el que ambas partes aprenden. Se promueve un intercambio de saberes en el hacer compartido.	– Participación en tareas domésticas.- Aprendizaje de técnicas productivas.- Participación en tareas de granja.- Realización de artesanías.- Espacios de diálogo y de escucha activa.- Participación en fiestas y tradiciones.-Actividades de restauración del bosque nativo.- Aprendizaje de dialectos.
Agro-turismo	Turismo en el medio rural, especialmente en sectores productivos en los que los agricultores comparten con los visitantes sus técnicas, sus relatos y la degustación de los productos. Frecuentemente acompañado por la oportunidad comercial en el trato directo entre el productor y el consumidor. La compra en granjas productivas es una modalidad cada vez más extendida a escala mundial. Es un derivado del turismo rural que puede ofrecer observación participativa. Da la oportunidad de concientizar a los turistas sobre la importancia de una alimentación saludable, el cuidado del medio ambiente y el bienestar animal como filosofía de vida.	– Recorrido por las plantaciones y producciones animales.- Caminatas de pastoreo.- Degustación de productos locales, conservas y derivados.- Circuitos gastronómicos.- Elaboración de recetas tradicionales.- Participación en cultivos y cosechas.- Talleres y demostraciones para grupos escolares.- Comercialización directa de productos.- Pueden ofrecer o no alojamiento y otros servicios complementarios.

Eco-turismo	Enfocado en el disfrute y conocimiento de la naturaleza como principal motivación. Pone énfasis en la protección y el equilibrio del medio ambiente y en compartir prácticas responsables con esos objetivos. Se rige por sus propios principios éticos, en esencia un menor impacto de la actividad turística sobre el entorno en que se realiza; promueve el uso responsable de los recursos naturales, la agroecología como modelo de producción de alimentos, además de trasmitir una apreciación especial sobre el entorno social comunitario. La permacultura y las construcciones naturales son importantes atractivos, así como la relación con el entorno con base en la observación, la contemplación y la valoración proteccionista.	– Caminatas y senderismo.- Avistaje de avifauna.- Voluntariado en Parques y espacios verdes comunes.- Participación en talleres y otras actividades de construcción natural.-Huertas demostrativas y participativas.- Cosecha de alimentos.- Degustación de productos y gastronomía saludable.- Jornadas y Congresos con orientación al desarrollo sustentable.- Charlas y propuestas específicas para escuelas.- Espacios de diálogo, debate y reflexión.- Salidas de limpieza de residuos.- Participación en campañas de concientización.- Senderos interpretativos.- Safaris fotográficos.
Turismo aventura	Se caracteriza por un estrecho vínculo con el entorno natural y requiere un cierto grado de preparación física previa. Se articula muy bien con la oferta de TRC ya sea por los servicios que las comunidades pueden ofrecer en lugares de práctica alejados de los centros urbanos, como por ser los mismos pobladores rurales quienes en el diseño de productos para aprovechar los recursos naturales de manera sustentable organizan actividades específicas para este segmento.	– Trekking / Montañismo.- Cicloturismo.- Caminatas con dificultad.- Rafting y canotaje.- Campamentos en la naturaleza.- Talleres de supervivencia.- Guiadas por baquianos.- Actividades subacuáticas.- Hospedaje y gastronomía acorde a cada actividad.- Escalada y Rappel.- Pesca.- Cabalgatas.

| Turismo de pueblos | Desarrollado por pueblos rurales de hasta 2000 habitantes quienes, en un proceso de valoración de su cultura y de sus bienes identitarios, ofrecen pasar unos días disfrutando del carácter típico del lugar y de su gente. Es una opción buscada por aquellos que desean hacer una experiencia fuera de las ciudades, pero contando con los servicios necesarios para que el cambio no sea radical. Los parajes rurales se vinculan con los turistas de manera espontánea y servicial, expresando la hospitalidad que caracteriza a los pequeños poblados. Esta modalidad, de gestión comunitaria y con el apoyo de las instituciones locales, ha implicado el rescate de muchos pueblos olvidados luego del cierre de las estaciones ferroviarias que les dieron origen. Generalmente estas propuestas articulan muy bien con otras que se ofrecen en la región. | – Participación en rutinas cotidianas identitarias.- Asistencia a fiestas populares y folklóricas.- Visita a artesanos y productores locales.- Visita a ferias francas y de artesanías.- Paseos en bicicleta y en otros transportes que permiten el contacto con el entorno.- Museos históricos y temáticos.- Degustaciones gastronómicas y banquetes típicos.- Paseos en carruajes.- Demostraciones de destrezas criollas.- Actividades en la plaza pública.- Jornadas de capacitación.- Intercambio emprendedor entre municipios. |

Turismo de pueblos origi-narios	Propuestas que surgen de la gestión participativa como modelo de trabajo. Incluye todas aquellas actividades que las comunidades pueden ofrecer a los turistas procurando un intercambio cultural que motive la revalorización de las costumbres y de la legua originarias. El nivel de participación, los relatos y la asistencia a festividades propias dependen de la apertura de cada una de las comunidades. El armado de redes de trabajo interdisciplinarias e interinstitucionales arroja beneficios que exceden lo turístico propiamente dicho. La inclusión social, la no discriminación, el acceso a mejores condiciones educativas y una mejora integral de la calidad de vida de las familias son algunos ejemplos de ello.	– Participación en rituales y/o costumbres propias de la comunidad.- Rondas de diálogo y escucha activa entre culturas.-Elaboración y degustación de gastronomía típica.- Participación en tareas relacionadas a las producciones agrarias.- Acceso al conocimiento y participación en la elaboración de artesanías.- Participación en fiestas tradicionales y demostraciones de destrezas.- Acercamiento a un estilo de vida diferente (convivencia).- Voluntariados solidarios.- Cabalgatas y senderismo.- Recolección de frutos y leña del bosque.- Lectura de cielos.- Pastoreo tradicional de animales.- Elaboración y degustación de bebidas típicas.- Aprendizaje de dialectos.
Turismo familiar y nostál-gico	Es aquel que responde a la motivación de reconectarse con las raíces familiares, *una vuelta por el pago* de los ancestros o de crianza. Muchas veces coincide con la oferta de TRC, que garantiza los servicios y la experiencia deseada.	– Guiadas locales.- Recorridos personalizados y a medida.- Acceso a archivos históricos biblio-video gráficos.- Contacto con aquellos referentes del patrimonio viviente del destino (relatos en primera persona, generalmente a cargo de los ancianos de la comunidad)- Recreación de recetas típicas vinculadas a la infancia de los visitantes (qué comidas cocinaba la abuela).- Recorridos sensoriales recreando los recuerdos de la infancia.

Turismo científico	En las distintas opciones del TRC hay un interés expreso de la comunidad científica nacional e internacional por investigar e interiorizarse sobre aspectos diversos. El turismo científico ofrece productos a medida y para grupos de investigación y estudiantes de posgrado que se acercan a las comunidades; también para el público común interesado en aspectos astrológicos, antropológicos y otros a los que puede acceder con explicaciones no técnicas y adaptadas.	– Acceso al territorio y a los actores clave (guías baquianos).- Hospedaje y gastronomía típica.- Espacio para reuniones de trabajo.- Experiencias vivenciales.- Participación en actividades cotidianas.- Talleres de educación ambiental.- Realización de congresos, encuentros o foros.
Turismo de creencias y religioso	La religión y otras creencias motivan el traslado de personas de un lugar a otro, ya sea en relación a fiestas conmemorativas, eventos familiares personales, promesas por cumplir, o simple curiosidad. Un número creciente de pueblos rurales organiza recorridos y circuitos uniendo puntos vinculados a esta temática, ya se trate de capillas, postas, monumentos u ofrendas espontáneas populares.	– Circuitos religiosos y temáticos.- Asistencia en los traslados y servicios complementarios en la realización de peregrinaciones y otras expresiones.- Gastronomía y hospedaje.- Artesanías y productos alusivos.- Participación en festividades y rogativas.

Turismo gastro-nómico y enológico	El interés por la gastronomía y por conocer cómo se producen los ingredientes primarios de cada receta genera un movimiento creciente de turistas, muchos de ellos en busca de sabores exóticos, bebidas de características organolépticas únicas, productos ancestrales y en proceso de recuperación por parte de los pobladores.La agroecología, la producción de granja, la atención familiar personalizada caracterizan estas propuestas.	– Degustación de productos exóticos, recetas ancestrales y platos elaborados.- Participación en tareas de recolección, cosecha y mantenimiento de los productos en relación al manejo de los recursos.- Elaboración de productos envasados y participación/ observación de otras técnicas de conservación de los alimentos como la salazón, el charqui, el secado natural de las frutas y las verduras.- Degustación de bebidas tradicionales y de vinos de características diferenciales.- Participación en actividades de la vendimia y del cuidado de las vides.- Seminarios, talleres y charlas gastronómicas y enológicas.- Acercamiento a la cultura comunitaria y a su cosmovisión.- Rutas y circuitos turísticos gastronómicos.

Turismo musical y de las artes	Las artes del espectáculo van desde la música vocal o instrumental, la danza y el teatro hasta la pantomima, la poesía cantada y otras formas de expresión. Abarcan numerosas expresiones culturales que reflejan la creatividad humana y que se encuentran también, en cierto grado, en otros muchos ámbitos del patrimonio cultural inmaterial. La música es quizás el arte del espectáculo más universal y se da en todas las sociedades, a menudo como parte integrante de otros espectáculos y ámbitos del patrimonio cultural inmaterial, incluidos los rituales, los acontecimientos festivos y las tradiciones orales. Está presente en los contextos más variados, ya sean sagrados o profanos, clásicos o populares, y está estrechamente relacionada con el trabajo o el esparcimiento (UNESCO, 2003) En el TRC, los espectáculos folklóricos, la ejecución de instrumentos tradicionales y hasta su fabricación y venta pueden ser relevantes en la oferta.Las artesanías son un atractivo en sí mismas, muchas veces adquiridas como souvenirs. Hay al respecto una creciente demanda de personas que buscan aprender un oficio, ser parte de la confección de una pieza o simplemente tener algún tipo de experiencia en el proceso de elaboración (Ej.: intentar hilar con un huso)	– Festivales.- Peñas folklóricas.- Conciertos.- Visitas guiadas.- Circuitos culturales y siguiendo la vida de autores, músicos, artistas.- Observación y participación en la fabricación de instrumentos, trajes típicos, escenografías.- Voluntariados para la puesta en valor de aspectos culturales locales.- Intervenciones públicas (fotografía, teatro, música)- Relatos, historias y leyendas.- Talleres de artesanías y oficios. Explicación demostrativa y participativa.- Gastronomía y hospedaje como servicios complementarios.

Turismo accesible	Se debe fomentar la inclusión de las personas con discapacidad en los distintos ámbitos turísticos, diseñando productos accesibles o adaptando los ya vigentes. Para ello, es imprescindible promover la formación específica de agentes en territorio y facilitar el acceso a líneas de financiamiento para que las inversiones en infraestructura y en el desarrollo de dispositivos inclusivos sean posibles para los emprendedores y para empresarios del sector turístico rural. Es un desafío que no se debe descuidar, trasversal a esta tipología y a todas las categorizaciones que se puedan hacer con respecto a la oferta turística.

Gallo y Peralta, 2018. Elaboración propia.

Turismo comunitario y accesibilidad

La actividad turística, en permanente crecimiento, tiene aún grandes deudas con sectores vulnerables de nuestra sociedad como lo son las personas con discapacidad o movilidad reducida (ya sea permanente o temporal), las embarazadas y las familias que viajan con niños y las personas mayores, entre otros.

Aunque hoy en día la actividad turística reconoce que todas las personas tienen igualdad de derechos para el disfrute y la recreación, falta mucho aún para lograr un mínimo de equidad.

Para la Organización Mundial del Turismo (OMT), la provisión de infraestructuras turísticas y medios de transporte seguros, cómodos y económicos es un factor clave para el éxito del turismo. Una infraestructura que no atienda adecuadamente las necesidades de las personas con discapacidad, incluidos los bebés y las personas mayores, excluye muchos destinos de este prometedor mercado. Sin embargo, por la manera en que están diseñados el entorno, los sistemas de transporte y los servicios, las personas con discapacidad y las personas que sufren problemas de movilidad o de acceso a la información no pueden a menudo disfrutar de la misma libertad para viajar que los demás ciudadanos.

No obstante, algunas acciones son esperanzadoras. A modo de ejemplo, desde hace diez años, en la ciudad de Esquel (Chubut) y en otras localidades de la región se realizan actividades en el marco del Día Mundial del Turismo (27 de septiembre). Una comisión organizadora, en la que participan instituciones referentes de la actividad, coordina acciones para rememorar y poner en valor la importancia del turismo en la región.

Esas jornadas tienen el objetivo de "festejar" el desarrollo del turismo e incidir de manera positiva en la política pública local, siempre siguiendo el lema anual que es sugerido por la Organización Mundial del Turismo.

En el año 2016, el lema de la OMT fue *"Turismo para todos, promover la accesibilidad universal"*, un recordatorio consciente para que se impulse la integración a fin de incrementar el potencial mutuo en esta materia y promover la comprensión recíproca entre las distintas culturas y tradiciones.

Esta visión plantea un turismo para todos y establece pautas, promoviendo la eliminación de las diferentes barreras sociales, culturales, arquitectónicas, urbanísticas, de comunicación y de transporte durante la actividad turística a la que se enfrentan las personas con discapacidad y/o movilidad reducida.

En los últimos años se ha evidenciado un crecimiento en el desarrollo del turismo en las comunidades rurales de la cordillera de Chubut, que ven en esta actividad una herramienta para diversificar su producción agrícola-ganadera, valorizar la cultura y contribuir a sus economías regionales. En ese contexto, las actividades realizadas en el año 2016 bajo el lema de la OMT contribuyeron a poner en escena ese trabajo. Alto Río Percy, Nahuelpan y Lago Rosario, comunidades rurales de Esquel y Trevelin, ofrecieron actividades específicas para promover la inclusión y recibieron a un grupo de personas con discapacidad y/o movilidad reducida.

Esta acción propició una experiencia inolvidable en las personas con discapacidad que participaron, y al mismo tiempo dejó en las comunidades un ingreso económico significativo que contribuyó a su motivación como grupo, a la vez que adquirieron un aprendizaje en el hacer sobre cómo mejorar los servicios para este público específico.

Los referentes de Discapacidad del Área Programática de la Salud de Esquel, Pablo Blanch y Martín Murillas (entrevista personal, febrero 2018), comentaron:

> A todas las acciones que venimos realizando sobre este tema en la ciudad, trabajar directamente con comunidades rurales es una excelente oportunidad ya que ofrece experiencias que son también económicamente accesibles para un sector de la población que no tiene muchas posibilidades de hacer actividades adaptadas a sus necesidades.
>
> Es necesario desmitificar algunas cosas importantes: el discapacitado no es un enfermo, es una persona con particularidades que atender desde la actividad turística. Las barreras arquitectónicas son clave para las personas con dificultades físicas, se suman también las comunicacionales para quienes tienen problemas visuales o auditivos, pero no debemos descuidar las limitaciones que presentan también los adultos mayores.
>
> Nuestro objetivo, que se suma a lo que estamos haciendo en Esquel, es crear un corredor provincial de la cordillera a la costa, considerando que Puerto Madryn tiene opciones para las personas con discapacidad. Queremos integrar todas las vivencias que nos ofrece Chubut para que todos las puedan disfrutar.

Además, los expertos afirman: "Debemos poder ofrecer opciones para que las personas con discapacidad y/o movilidad reducida salgan más, conozcan lo que no han visto hasta hoy, se emocionen y tengan la libertad de decidir qué quieren hacer… y puedan hacerlo".

Para la OMT (2014), la atención hacia el mercado del turismo accesible representa un desafío para el sector del turismo mundial, en términos de mejorar las políticas y movilizar la inversión para realizar las mejoras necesarias de manera generalizada, a corto y largo plazo.

"Estamos fallando en la difusión", dice Blanch, "ya que no se sabe con certeza quiénes ofrecen servicios adaptados y, por otro lado, los prestadores consideran que se deben hacer grandes inversiones y no necesariamente es así".

Pobladores de la comunidad rural Alto Río Percy, quienes recibieron al grupo en 2016, expresaron:

> Con poco nos dimos cuenta de que podíamos adecuar lo que ofrecemos a quienes tienen posibilidades diferentes. Pudimos hacer actividades juntos, ya sea cocinar, tocar las ovejas, esquilar, alimentar las gallinas, juntar los huevos, cosas de nuestra vida cotidiana que compartimos con ellos. Vieron cosas que nunca habían visto antes, se divirtieron mucho. También nos dimos cuenta de que por más que tuvieran discapacidades podíamos comunicarnos con ellos, en eso los animales y las experiencias sensoriales fueron clave.

Atender estos aspectos es un valor agregado que puede determinar el éxito de los proyectos, dado que, ante la falta de ofertas para ese segmento, tornar accesibles las propuestas se convierte también en una posibilidad no explorada de muchos negocios turísticos.

Forestando con especies nativas
en zonas del bosque afectadas por incendios.
Parque nacional los alerces. Día Mundial del Turismo 2016

4

Producciones autóctonas y gastronomía como atractivos

En un momento en el que el turismo mundial está en auge y aumenta la competencia entre los destinos, el patrimonio cultural inmaterial único de localidades y regiones se convierte en el factor diferenciador para atraer a los turistas. El turismo gastronómico se ha vuelto especialmente importante en este sentido, no solo porque comer y beber forman parte esencial de toda experiencia turística, sino también porque el concepto de turismo gastronómico ha evolucionado de tal modo que engloba multitud de prácticas culturales e incorpora en su discurso valores éticos y de sostenibilidad del territorio: el paisaje, el mar, la historia del lugar, los valores y el patrimonio cultural (OMT, 2016).

El turismo rural es reconocido en nuestro país por poner al alcance de los turistas los saberes y costumbres vinculados a las producciones del campo. El agroturismo, particularmente, produce ese acercamiento generando valor a las producciones y acercando a los potenciales consumidores con los productores. Esta cercanía favorece a ambas partes: productores que tienen la posibilidad de vender sus producciones directamente, sin intermediarios y a un mejor precio; visitantes que además de la experiencia turística adquieren productos con valor agregado local, autóctonos, agroecológicos y, muchas veces, cosechados y/o elaborados en el momento.

No es casualidad que instituciones como el Instituto Nacional de Tecnología Agropecuaria (INTA), y los Ministerios de Agroindustria y de Producción de la Nación hayan tenido durante muchos años programas e incentivos que promueven el turismo rural como agente dinamizador de las economías regionales.

Tanto es así que la publicación *Agroturismo con Identidad* (2017) del Ministerio de Agroindustria resume el "Intercambio de experiencias entre emprendedores de Turismo Rural Comunitario de la Agricultura Familiar: pequeñas y pequeños productores, integrantes de comunidades de pueblos originarios, artesanas y artesanos", y plantea que el turismo rural es una forma estratégica de visibilizar la agricultura familiar, indígena y campesina; de promover el encuentro cultural; de conocer los sueños y las luchas de las organizaciones; de vivenciar la vida rural; de aprender y compartir sus saberes y prácticas productivas ancestrales y de degustar alimentos en su lugar de origen. Permite participar directamente de las tareas y procesos rurales como la elaboración de diversos productos con valor agregado: artesanías, chacinados, dulces, comidas típicas, etc.

Los turistas viajan, conocen, se vinculan, intercambian y comen. La gastronomía no solo es una necesidad elemental que satisfacer cuando se diseñan los proyectos, sino que es una excelente oportunidad para el contacto con pobladores locales, para ahondar en las raíces culturales y tradicionales, en las producciones autóctonas y en los saberes que se van pasando de generación en generación y que constituyen las particularidades de cada comunidad.

Productos autóctonos en el predio ferial de La Quiaca, Jujuy

Para Falcón (2014), la gastronomía se presenta como una oportunidad para dinamizar y diversificar el turismo, impulsar el desarrollo económico local, implicar a diversos sectores profesionales (cocineros, productores, referentes) e incorporar nuevos usos al sector primario. El autor se refiere, además, a los cambios que se han producido en los turistas cuando viajan, quienes ahora son más propensos a las nuevas experiencias y a degustar platos con colores y sabores locales.

Para la Organización Mundial del Turismo (2017), la gastronomía, un componente esencial de la historia, la tradición y la identidad, se ha convertido también en un motivo importante para visitar un destino. Según el segundo informe mundial de esta Organización sobre turismo gastronómico, este segmento ofrece un enorme potencial para estimular las economías locales, regionales y nacionales y promover la sostenibilidad y la inclusión.

Según el Global Report on Gastronomy Tourism (OMT, 2012), el 88,2% de los destinos consideran la gastronomía como un elemento estratégico para definir su imagen y su marca; y la Asociación Mundial de Turismo Gastronómico estima que la gastronomía genera cada año 150.000 millones de dólares.

En esta materia, el Ministerio de Turismo de Argentina impulsa la revalorización gastronómica como atractivo mediante el programa *CocinAR* que tiene como finalidad "armar el mapa de la cocina argentina y posicionarla en el plano nacional e internacional" y "destacar la diversidad de la oferta culinaria de nuestro país y revalorizar la cadena de valor integrada por productores primarios, distribuidores, profesionales del sector, establecimientos gastronómicos y educativos, entre otros".

El turismo gastronómico puede ser considerado turismo cultural (Mascarenhas y Gándara, 2010) y es en ese contexto que los valores patrimoniales inmateriales relacionados a la cultura culinaria adquieren relevancia como atractivo y como producto. La unión entre gastronomía y turismo ofrece, por lo tanto, una plataforma para revitalizar culturas, conservar el patrimonio material e inmaterial, empoderar a las comunidades y fomentar el entendimiento intercultural (OMT, 2017).

Para ampliar el análisis, Flavián y Fandos (2011) afirman que la gastronomía puede ser considerada desde tres perspectivas diferentes en relación al turismo:

a. *Como el motivo o experiencia principal de la actividad turística*: atrae a un tipo de turismo muy selecto que realiza un elevado volumen de gastos en productos de alta calidad y diferenciales;

b. *Como una experiencia o motivación secundaria*: como un complemento relevante que aporta un valor añadido significativo al viaje;

c. *Como una parte de la rutina*: un hábito diario que tiene una relevancia mucho más limitada que en las dos situaciones anteriores.

Estos autores afirman que la gastronomía y los alimentos de calidad constituyen la clave del éxito, y que cabría destacar que la gastronomía se está convirtiendo en una motivación de viaje cada vez más importante en nuestros días.

De esta manera, en el proceso de desarrollo de productos turísticos, la gestión participativa de los pobladores locales es esencial, no solo para recrear recetas y platos ancestrales y autóctonos, sino para poner en valor aquellos ingredientes que los caracterizan. A veces, estos ingredientes ya no se encuentran disponibles en las comunidades y se debe recurrir a proveedores externos. Motivar la recuperación de esos cultivos es prioritario y no solo agrega autenticidad, sino que genera nuevas actividades socio-productivas locales.

Productos "de la huerta al plato" en Paraje Ortiz, Zárate, Buenos Aires

Para la Red de Gastronomía de la OMT (Plan de acción 2016/2017), el turismo gastronómico se perfila como un recurso indispensable que añade valor y proporciona soluciones a la necesidad cada vez más acuciante de los destinos de diferenciarse y ofrecer productos únicos. Hay cinco razones fundamentales que explican este fenómeno en constante crecimiento:

1. *La necesidad de un destino de diferenciarse* y desarrollar una propuesta comercial única desemboca de manera natural en una búsqueda de lo auténtico y, para encontrarlo, nada mejor que el patrimonio inmaterial, del que la gastronomía constituye un elemento destacado.

2. Los destinos recurren a la gastronomía para *atraer a aquellos turistas dispuestos* a adentrarse en los lugares y las culturas que visitan. Este tipo de viajeros suele gastar más, se distribuye de manera más equilibrada por el territorio y puede incidir en mayor medida en la totalidad de la cadena de valor del turismo.

3. El turismo gastronómico tiene el potencial de *dirigir el flujo turístico a destinos menos visitados*, lo que podría traducirse en una mejoría drástica en cuanto a oportunidades y desarrollo económico de estas regiones.

4. La gastronomía permite *el diseño de una estrategia de comunicación efectiva* mediante el uso de una narrativa que apele fácilmente al lado emocional del visitante y ofrezca experiencias más profundas y significativas, capaces de dejar una huella más duradera.

5. Estas *experiencias inolvidables y auténticas fidelizan a los visitantes*, que pueden convertirse así en los mejores embajadores a medida que comparten sus experiencias positivas con otros viajeros.

Para entender mejor la relación entre el contexto histórico, los alimentos y las tendencias turísticas, Leal Londoño (2013) en base a Cleave (2011) sintetiza la emergencia del turismo gastronómico y cómo, por períodos, surgen las principales características del contexto alimentario en relación al contexto turístico.

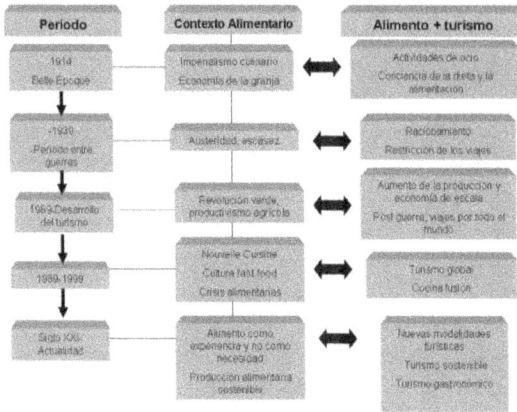

Periodo	Contexto Alimentario	Alimento + turismo
1914 Belle Epoque	Imperialismo culinario Economia de la granja	Actividades de ocio Conciencia de la dieta y la alimentacion
-1930 Periodo entre guerras	Austeridad, escasez	Racionamiento Restriccion de los viajes
196?.Desarrollo del turismo	Revolucion verde, productivismo agricola	Aumento de la produccion y economia de escala Post guerra, viajes por todo el mundo
1989-1999	Nouvelle Cuisine Cultura fast food Crisis alimentarias	Turismo global Cocina fusion
Siglo XXI Actualidad	Alimento como experiencia y no como necesidad Produccion alimentaria sostenible	Nuevas modalidades turisticas Turismo sostenible Turismo gastronomico

Fuente: Leal Londoño (2013) en base a Cleave (2011).

Jamón de Capón y Sabor Mapuche, dos íconos de Chubut

En el contexto del desarrollo turístico comunitario y de la revalorización de sabores y saberes locales, el Jamón de Capón de Alto Rio Percy y Sabor Mapuche de Nahuelpan, ambos en Chubut, se convirtieron en íconos de la región y con muy buenas repercusiones en medios nacionales. Ambos son proyectos de familias rurales, que supieron ganarse ese espacio en base al esfuerzo, la recreación de recetas y técnicas gastronómicas ancestrales y la articulación con el turismo rural en sus comunidades.

El Jamón de Capón de Alto Rio Percy es considerado un producto único en el mundo por los expertos en gastronomía. Así, se le ha dado masiva difusión en los medios de comunicación nacionales e internacionales, así como en revistas especializadas.

Para su elaboración, se recrearon técnicas gastronómicas que le dan sabores únicos al jamón de capón (cordero castrado). Una forma creativa de recrear el típico cordero patagónico. Apasionado de su trabajo y con un gran compromiso con el proyecto agroturístico comunitario, Javier Crova, también maestro de escuela de la comunidad, elabora este producto junto a su familia.

"Es un producto único que surgió como una forma de darle una salida diferente a la producción ovina en pie de la región. A la carne, además de la sal, le agregamos hierbas agroecológicas de la huerta", explicó en entrevista con el reconocido programa Cocineros Argentinos, que conduce el cocinero Guillermo Calabrese.

Por la zona se dice que "es ideal para maridar con las cervezas artesanales patagónicas por el sabor único que le ofrece la cordillera".

En *Sabor Mapuche*, "Alimentos de la Tierra", Lauriano Ríos y Yanina Nahuelpan invitan con este emprendimiento a degustar recetas mapuches con ingredientes de la comunidad Nahuelpan.

Con gran aceptación de los cocineros patagónicos de referencia, de los turistas que buscan vivencias diferentes y sabores tradicionales, y de los medios de comunicación, Sabor Mapuche es una muestra de cómo los jóvenes de las comunidades originarias de nuestro país pueden difundir y dar a conocer su cultura mediante esta actividad.

En declaraciones al diario La Jornada (Chubut), Lauriano contó:

> Teníamos la necesidad de mostrar nuestra cultura, nuestras costumbres, y qué mejor manera de hacerlo que a través de la cocina. La cocina de cada familia habla sobre el pequeño

mundo que es esa comunidad y las recetas y los sabores se van transmitiendo de generación en generación. Son esos saberes los que mantienen viva la cultura de cada comunidad. Lo que uno aprende en la cocina donde se crio se mantiene vivo para siempre, por eso es necesario transmitirlo.

En otra entrevista, esta vez al diario El Federal (Bs. As.) destacó:

> A partir de nuestro emprendimiento, los jóvenes comenzamos a revalorizar nuestras tradiciones a fin de compartirlas con quienes se acercan a conocernos. Nosotros nos consideramos mapuches y nos interesa compartir nuestra cosmovisión. Estamos en una época en la que es necesario conocernos y reconocernos en nuestras tradiciones. Nos ha pasado que ha venido gente y ha preguntado: "¿dónde están los indios?". Supongo que con el correr del tiempo esas cuestiones se van a ir disipando y llegará el día en que no hará falta aclarar que somos todos hijos de la tierra y por lo tanto iguales unos y otros.

Sabor Mapuche ofrece comidas tradicionales en Casa de Piedra, sobre Ruta 40, a 18 kilómetros de la ciudad de Esquel. Es común encontrarlos también en ferias gastronómicas y turísticas, en exposiciones de la región y en actividades que ellos mismos organizan para compartir los secretos y herencia de la cocina mapuche.

Es importante destacar la iniciativa de Sabor Mapuche en la realización de un evento gastronómico en los meses de verano. El primero fue en el año 2016, y en 2018 llevó adelante su tercera edición. En palabras de los organizadores: "es un evento gastronómico y cultural concebido por una familia de la comunidad de Nahuelpan, que fusiona la cocina ancestral, tradicional y profesional. Acerca a los turistas un producto con identidad y sabores de nuestra cultura".

El evento contempla la realización de clases de cocina con el uso de recetas e ingredientes de su cultura y convoca a los principales chefs de la región patagónica. Asimismo, en las últimas dos ediciones contó con la participación y padrinazgo de Rubén Patagonia, reconocido cantautor del folclore nacional y del pueblo mapuche.

Cocineros del Iberá, degustando Corrientes

La gastronomía de Iberá comparte características similares a toda la región de influencia guaraní, con algunos componentes aportados por las distintas colectividades que se fueron asentando en la zona y que dieron como resultado un recetario que, en muchos casos, ha adaptado recetas europeas a los ingredientes locales.

La geografía compleja de los Esteros del Iberá, en Corrientes, ha convertido este gran humedal en un reservorio de biodiversidad y de patrimonio cultural tan único como no apreciado hasta el presente. De a poco, la fuerza y compromiso de hombres y mujeres de la zona van corriendo esa barrera hacia la valoración y conservación de esos usos y costumbres. Casas de juncos, canoas cinchadas por caballos, jinetes que nadan, pañuelos que señalan opinión política o devoción religiosa, y una gastronomía donde la mandioca y el maíz reinan en un territorio donde se habla en guaraní, son un ejemplo de ello.

Esos vientos a favor comenzaron a soplar tímidamente en 1983 con la creación de la Reserva Provincial Iberá y empezaron a hacerse notar para mediados de los años noventa con la compra de las 150.000 hectáreas por parte de The Conservation Land Trust (CLT), con el objetivo de restaurar el ecosistema para luego entregarlo en donación a la Administración de Parques Nacionales (etapa en la que actualmente se encuentra el proyecto).

Paulatinamente, los gobiernos provincial y nacional, junto a organizaciones no gubernamentales (ONG) decididas a convertir Iberá en un destino para el ecoturismo, fueron posicionándolo con un sello de calidad basado en la naturaleza y la cultura.

En ese contexto, a una serie de decisiones del estado provincial y nacional para hacer de los Esteros del Iberá un destino ecoturístico de nivel internacional, que promueva el desarrollo local y la generación de empleo para los municipios que forman parte de la región, se sumaron las voluntades de las Fundaciones Yetapá y Flora y Fauna Argentina, y del programa Pro-Huerta de INTA. Estos antecedentes sentaron los cimientos para la creación de la *Red de Cocineros de Iberá*.

Los colores de la Patria y los pastelistos del Iberá, Corrientes

Identificando frutos del monte en Las Saladas, Corrientes

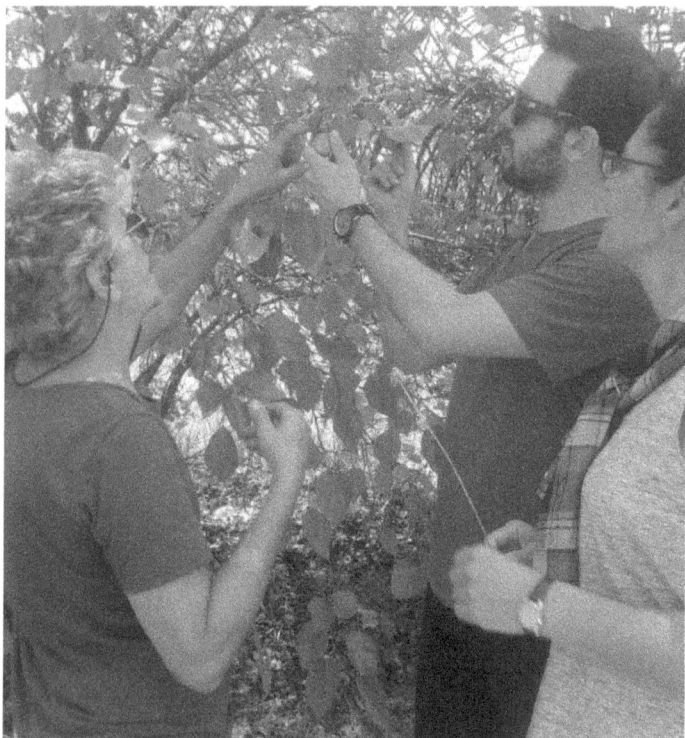

Construyendo un destino

En la búsqueda de convertir Iberá en un destino de calidad
internacional, competitivo no solo por los atractivos naturales y la calidad de los servicios, sino por su autenticidad,
y de lograr el desarrollo local con el ecoturismo como bandera, desde las ONG Yetapá y Fundación Flora y Fauna
Argentina se realizaron distintas acciones con el objetivo de
capacitar y visibilizar el patrimonio natural e inmaterial.

En sintonía con lo anterior, la Fundación Flora y Fauna Argentina y The Conservation Land Trust (CLT) realizaron capacitaciones gastronómicas adaptadas a las características socioculturales, económicas y geográficas en los parajes más cercanos al área protegida.

Con estas comunidades ya se había trabajado en el diseño y desarrollo de productos turísticos basados en su patrimonio, así como en acciones de conservación para que "Corrientes vuelva a ser Corrientes", entendiendo el slogan como una invitación a la conservación y restauración del ecosistema y de los valores más representativos de la cultura local.

Como es habitual, la gastronomía es requerida en todos los casos, ya que las excursiones y servicios ofrecidos en su mayoría llevan media jornada o jornada completa. Hacer paradas de descanso y para alimentarse es tan necesario como coordinable con las poblaciones locales.

Así se inició el relevamiento de conocimientos, saberes y vocaciones y se descubrió que, aunque en algunos casos parecían olvidados, había latente un número muy interesante de preparaciones sencillas, pero con el ingrediente fundamental de lo auténtico. Sistemas de cocción con cenizas, con brasas, el uso de las ollas y sartenes de hierro, las frituras en grasa, los cultivos clásicos de las huertas guaraníes: *andaí, mandió, abatí, mandubí, etc.*, son un ejemplo de eso.

Fundación Yetapá inició, en Concepción del Yaguareté Corá, el programa *Bienvenidos a Nuestra Casa*, con el fin de capacitar a quienes ya tenían algún emprendimiento relacionado a la gastronomía o la vocación de ofrecer servicios de hospedaje en casas de familia.

Otras semillas

Otro puntapié que generó confianza en la capacidad de convocatoria que tiene la gastronomía, la visibilidad generada por la prensa y las redes sociales, fue el Festival Gastronómico Pueblo Abierto, realizado en octubre de 2016 en Concepción del Yaguareté Corá. Si bien se trata de una iniciativa privada, se realizó con fondos y coordinación del Instituto de Cultura de Corrientes.

Allí, cocineros populares de Concepción, San Miguel y Mburucuyá compartieron conocimientos, saberes y las lentes de las cámaras con los cocineros más mediáticos de Argentina, algunos de los cuales tienen un interés genuino en descubrir productos, recetas y tradiciones gastronómicas, como Germán Martitegui, Narda Lepes o Fernando Trocca, entre otros.

A partir de esa experiencia en Concepción, se retomó la costumbre de la feria con puestos callejeros y hoy en día, aunque tímidamente, hay un grupo de feriantes compuesto por artesanos y cocineros que participan con cierta periodicidad y apoyo del municipio.

INTA por su parte, con el programa Pro-Huerta viene trabajando no solo en la producción para auto consumo sino en la comercialización en ferias y mercados, el rescate de especies y la cultura gastronómica. En Iberá, especialmente, ha logrado consolidar grupos de feriantes bien organizados en las localidades de Caá Catí e Ituzaingó, tanto con productos primarios como con los que tienen valor agregado (dulces, conservas, harina de maíz, fécula de mandioca, etc.).

La Urdimbre

Gisela Medina fue un hallazgo feliz y fortuito, una cocinera con formación profesional, pero con una gran vocación de rescatista de saberes y sabores populares. Ella ha sido el hilo que cohesiona esta trama. Fue convocada por CLT primero para servicios de "catering telúrico y folclórico" para eventos donde se trataba de mostrar los sabores de Iberá, los más conocidos y los no tanto, como los frutos del monte; luego, para las capacitaciones a los grupos antes citados; y también para INTA, Secretaría de Agricultura Familiar y Fundación Yetapá para el desarrollo de distintas capacitaciones. Hoy coordina el programa Cocineros del Iberá.

En este contexto, el Programa nace de la voluntad de las Fundaciones Yetapá y Flora y Fauna Argentina, y de INTA. Estas instituciones deciden aunar esfuerzos compartiendo recursos humanos y económicos. Tiene objetivos que beneficiarán no solo a los cocineros participantes sino al destino Iberá como marca. Cabe destacar que también, con la actividad turística, se activa un componente intangible –y tan importante– como es el sentimiento de pertenencia y el sentirse orgulloso de los propios saberes y valores.

Primeras experiencias

La primera oportunidad surgió con la propuesta de armar un almuerzo para 300 personas para festejar el traspaso de 23.000 hectáreas propiedad de The Conservation Land Trust (CLT) a la Administración de Parques Nacionales, la excusa perfecta para poner a prueba la capacitad de respuesta, el entusiasmo y la creatividad para poder cumplir con el desafío.

Bajo el título "Menú para un día festivo", se diseñó un servicio tipo buffet, de comida fría, donde los cocineros o productores invitados realizaron una parte, Don Mario, Pachón e Idelino proveyeron de matambres arrollados, embutidos y chicharrón trenzado para la picada criolla, acompañada de los quesos de Doña Celes y los panes caseros de José; Eulidia preparó pasteles de fuente, como la sopa correntina; mientras que Juana, Reina y Ñata llevaron los pastelitos de queso y dulces regionales.

De esa manera, distribuyendo el trabajo y respetando el saber hacer de cada uno, pudieron cumplir y con creces un desafío que individualmente no hubieran podido asumir.

El segundo y gran desafío fue la aceptación de la propuesta de participar en la 28° Fiesta Nacional del Chamamé con un stand, las diez noches del evento. El resultado fue muy positivo. La difusión que generó esta acción, tanto dada por el gran apoyo de la prensa, el gobierno provincial, las redes sociales y sobre todo del público que acompañó, motivó que la gente regresara una y otra noche a preguntar "qué hay hoy", así como a consultar sobre alguna preparación que tuvieron oportunidad de probar.

Hada Irastorza, responsable del desarrollo turístico comunitario por CLT, expresó:

Lo más interesante y motivador es ver la enorme posibilidad que estas actividades generan en la dimensión humana, más allá de los beneficios económicos. Algunos cocineros por primera vez conocieron la capital de su provincia o fueron merecedores de reconocimientos hacia un trabajo que cotidianamente hacen. (Entrevista personal, febrero 2018)

La Red de Cocineros del Iberá promueve y estimula encuentros donde cocineros de diferentes localidades de la zona se dan cita para revalorizar la cocina local, los productos agropecuarios y la importancia de la gastronomía como atractivo y acercamiento cultural en eventos de gran impacto.

5

Artesanías y saberes con identidad

Las artesanías representan una de las actividades que hace varias décadas comenzaron a diversificar la agricultura de subsistencia generando ingresos adicionales a las familias rurales y promoviendo el rescate y valoración de saberes muchas veces olvidados o en desuso. Si bien es una actividad generalmente vinculada al género femenino, hay artesanos tanto hombres como mujeres que realizan piezas de gran valor patrimonial y simbólico.

La comercialización de las artesanías varía según el nivel de aislamiento, las redes de relaciones a las que acceden, la participación de ONG e instituciones promotoras de estas labores, y la posibilidad de acceder a ferias y mercados regionales. La actividad turística comunitaria ofrece, al igual que sucede con las producciones del agro, oportunidades de comercialización directa, evitando intermediarios y generando mejores ganancias para quienes realizan las artesanías.

Paralelamente, y en vinculación con lo que hace varios años se conoce como "Economía de la experiencia" (Pine y Gilmore, 1999), y que en nuestro país ha entrado en auge en 2017 con mayor fuerza en el mercado turístico, los artesanos tienen la posibilidad de hacer de sus saberes actividades que impriman vivencias. A modo de talleres, clases demostrativas y participativas, el desafío está en "hacer algo diferente" que es bien valorado por los visitantes. Esas experiencias no se encuentran en sus lugares de origen y que se relacionan directamente con la propuesta cultural y auténtica que ofrece la comunidad receptora. No sería lo mismo aprender a hilar en una oficina en una gran ciudad, que hacerlo en un salón común de una población entre montañas, o en el patio de la casa de la señora que hace el tejido a telar.

Estos rasgos distintivos pueden (y deben) ser bien aprovechados por los oferentes para generar productos artesanales con características identitarias y para poder trasmitir en *el hacer* aquellos valores y cosmovisiones propios. Está en nuestro rol como facilitadores de proyectos no quedarnos solamente con el discurso, con los conocimientos vertidos y con el planteo de las posibilidades, sino acompañar el proceso "haciendo" y definiendo estrategias a la medida de cada uno de los posibles oferentes. Este acompañamiento y un diseño que contemple las motivaciones personales de los lugareños, en un contexto de trabajo asociativo, son clave para el éxito y la continuidad.

Para Kerr (1990) hay que pensar en el fomento de las artesanías como un elemento más de las actividades generales de desarrollo de la región de que se trate, y no como panacea para la economía que proporcione enseguida nuevas posibilidades de trabajo e ingresos. No obstante, considerada como simple componente de un programa general de desarrollo, la artesanía puede contribuir eficazmente a activar una economía local basada en sólidos principios económicos, ambientales y sociales.

El autor plantea también la necesidad de trabajar en regiones de manera personalizada ya que es probable que sean mayores las posibilidades de éxito si se toma el tiempo necesario para formar artesanos sobre el terreno, teniendo en cuenta las condiciones locales.

En este sentido, adherimos a las palabras de Benítez Aranda (2009), quien considera que la artesanía latinoamericana, y caribeña, muchas veces preferida o reconocida sólo en calidad de "souvenir" vinculado a la tradición y el folclore, puede ser vista desde una nueva perspectiva como una riqueza regional desarrollada por un valioso potencial humano que forma parte del patrimonio intangible del área y que es depositario de conocimientos ancestrales provenientes de las diferentes culturas y raíces étnicas que conforman las diversas naciones y nacionalidades de la región. Potencial este que, integrado a una nueva proyección, puede favorecer el desarrollo económico, social y cultural, afianzando el sentido de pertenencia de los hombres a su comunidad y contribuyendo al desarrollo de los individuos y las colectividades desde una actividad que a la vez genera riqueza material y espiritual.

Esta visión es aplicable únicamente desde una perspectiva democratizadora, respetuosa de la diferencia y la justicia social, que supere los prejuicios, la discriminación, y el mercantilismo con que ha sido tratado, en no pocas ocasiones, el sector artesano (Benítez Aranda, 2009). Entendemos al sector artesanal como una fortaleza que distingue los destinos turísticos y que debe ser considerada en todas las acciones de desarrollo que involucren la cultura material e inmaterial como recurso.

Tejidos mapuches en Lago Rosario, Chubut

Para referirnos al Patrimonio Cultural Inmaterial, tomamos la definición de la UNESCO (Convención para la Salvaguardia del PCI – París, 2003), que refiere a "los usos, representaciones, expresiones, conocimientos y técnicas –junto con los instrumentos, objetos, artefactos y espacios culturales que les son inherentes– que las comunidades, los grupos y en algunos casos los individuos reconozcan como parte integrante de su patrimonio cultural".

La misma Declaración (UNESCO, 2003) especifica que el ámbito en el que se manifiesta el Patrimonio Cultural Inmaterial abarca varios ítems, y que uno de ellos lo integran "las técnicas artesanales tradicionales": esto implicó un gran avance en el reconocimiento al rol desempeñado por la creación artesanal.

Dicho lo anterior, al PCI lo constituyen:

a) Tradiciones y expresiones orales, incluido el idioma como vehículo del patrimonio cultural inmaterial;

b) Artes del espectáculo;

c) Usos sociales, rituales y actos festivos;

d) Conocimientos y usos relacionados con la naturaleza y el universo;

e) Técnicas artesanales tradicionales.

Entendemos al ser humano en su contexto, con sus conocimientos y cultura, con una realidad no siempre elegida sino heredada, y ponemos esto por delante de cualquier iniciativa. Es fácil arrojar conceptos sobre "lo que se debería hacer" o "lo que usted debería ser"; la complejidad se encuentra en los procesos para lograrlo. Entendemos las artesanías en un sentido amplio.

Benítez Aranda (2009) considera que para poder actuar en dirección a un cambio de visión que contemple este tipo de actividad como un factor de desarrollo, la artesanía debe ser vista en toda su amplitud e integralidad como un concepto omnímodo que comprende todos los elementos que tipifican la actividad humana:

1. *Es una forma de actividad práctico-espiritual*, es decir, una forma de trabajo que tiene la peculiaridad de conservar la unidad primigenia entre lo bello y lo útil característica de muchas producciones anteriores a la revolución industrial y que se realizaban a partir de un encargo, atendiendo a la satisfacción de su doble función estético y utilitaria.

2. *La creación puede ser individual o colectiva*, pero en sentido general es un tipo de actividad que promueve formas de organización social basadas en la asociación y el cooperativismo contribuyendo a la consolidación del sentido de pertenencia y la cohesión social de la familia y la comunidad.

3. *Desde el punto de vista técnico, reproduce una gran diversidad de formas* productivas y conserva para la humanidad formas de hacer de diferentes estadios históricos, que van desde las más ancestrales hasta las más modernas con el uso de la máquina como elemento auxiliar.

4. *Satisface diversos tipos de necesidades, no sólo utilitarias*, sino otras de carácter simbólico y muchas veces asociadas a otras expresiones culturales sincréticas, que la conectan y hacen interactuar con otras esferas de la actividad cultural como las fiestas populares, el diseño y las artes visuales, y se considera una de las expresiones identitarias de la cultura.

5. *Unas veces su alcance es limitado* y se produce para satisfacer sólo necesidades en el marco del autoconsumo individual o colectivo; otras veces se crean para ser comercializadas y generar beneficios económicos al productor o los productores, e incluso para el mercado turístico y de exportación.

6. *Constituye una forma de conocimiento y de comunicación que perpetúa valores* culturales entre diversas generaciones. Se asocia con formas de consumo cultural diferenciadoras de los estándares del mercado de objetos industriales.

7. *Promueve formas de intercambio con la naturaleza y el medio ambiente* sobre la base del respeto y la sustentabilidad y puede insertarse a los programas locales dirigidos a la conservación y el desarrollo de la biodiversidad.

8. *Desarrolla capacidades especiales en los individuos*, que combinan la habilidad manual y el ejercicio intelectual, aspecto este necesarios para el equilibrio y la armonía de la personalidad humana.

Esta complejidad plantea dificultades a la hora de comercializar los productos, pero más aún al momento de establecer un precio justo. Los artesanos que en sus momentos cotidianos realizan piezas de gran valor comercial tienen serias dificultades para establecer cuánto deberían cobrar por su trabajo. Esto se debe a que la instancia de "creación" se amalgama con actividades diarias en las que tejer, moldear, diseñar, son parte de una rutina y de una tradición que generalmente se replica en "honor" a los ancestros.

La falta de determinación comercial expone a los artesanos residentes en comunidades aisladas de nuestro país a intercambios irrisorios motivados por personas de las ciudades que conocen el valor de "vidriera" y ven, en esta situación, negocios cuya ética es cuestionable.

A modo de ejemplo, una manta tejida a telar que a una señora en la zona desértica de Santiago del Estero le puede llevar hasta seis meses de trabajo, considerando la obtención de la lana de sus ovejas, el hilado en huso, el teñido con tintes naturales y el tejido, se vendía en 2015 a los compradores "al paso" a un valor de 450 pesos argentinos. La misma manta, en Calle Florida, en la Ciudad de Buenos Aires, se ofrecía al público por 2800 pesos argentinos.

Situaciones como esa se repiten con frecuencia en distintas regiones de nuestro país y es por ello que valoramos especialmente la organización social de los emprendedores artesanales, la generación de mercados comunes, la participación en ferias locales y regionales y la capacitación específica sobre cómo definir los valores de esas producciones. También el turismo de base comunitaria ofrece intercambios para la comercialización sin intermediarios.

La comprensión del carácter polifacético y multifuncional de las artesanías es una condición básica para que puedan ser interconectadas con los procesos económicos, productivos, comerciales, educacionales y culturales como un factor de desarrollo humano. El trabajo artesanal debe ser visto como parte del desarrollo de las oportunidades y las capacidades en la que los individuos combinan la habilidad manual y el ejercicio intelectual, aspecto este necesario para el equilibrio y la armonía de la personalidad humana (Benítez Aranda, 2009).

Feria Tokom Topayiñ, Nahuelpan

El grupo "Tokom Topayiñ" (*Juntos Podemos* en lengua mapuche) está integrado por diez pobladores de la comunidad Mapuche-Tehuelche de Nahuelpan. La feria es un espacio donde comercializan los productos y artesanías que elaboran, manteniendo criterios comunes: deben ser elaborados con materias primas locales, mediante el uso de saberes tradicionales de la cultura. Las hierbas medicinales, el ñaco (infusión mapuche en base a trigo), las sales mapuches *trananchazi y trapichazi*, y las artesanías en cuero de chivo y lana son los productos principales.

La feria se encuentra ubicada en la estación de tren de Nahuelpan, que recibe dos veces por semana a "La Trochita", uno de los trenes turísticos más importantes de la Argentina. Esta excursión genera el arribo de 30.000 visitantes por año aproximadamente.

Cada vez que llega el tren a Nahuelpan, Tokom Topayiñ abre sus puertas atendida por los pobladores y artesanos locales. El objetivo que persigue esta feria se centra en la apropiación por parte de la comunidad del Producto Turístico La Trochita, obteniendo beneficios que de él se desprenden. Asimismo, es un espacio de difusión y valoración de la cultura mapuche, ya que no solo se trata de la venta de productos tangibles, sino que en el intercambio con los visitantes se ofrecen contenidos intangibles de gran valor sociocultural.

Mercado de la Estepa, Dina Huapi, Río Negro

El Mercado de la Estepa funciona desde hace diez años en la localidad de Dina Huapi, a 18 km de San Carlos de Bariloche. Es un ejemplo de cómo la organización comunitaria y el trabajo participativo y asociativo pueden generar las condiciones para dotar de valor y dignidad la vida de las comunidades.

Como antecedente, hace 15 años que se está trabajando en la región sobre las artesanías y cómo participar de más eslabones de la cadena productiva, incluido el proceso de venta (esquila, hilado, tejido y comercialización).

El Mercado de la Estepa es administrado mediante una Asociación Civil sin fines de lucro denominada *Quimey Piuké* (*Buen Corazón* en lengua mapuche), integrada por artesanos y pequeños productores rurales que comercializan sus productos conforme a los valores del Comercio Justo y de acuerdo con un reglamento interno, elaborado de manera participativa por ellos mismos.

Esta iniciativa propone mejorar la calidad de vida de sus socios y rescatar sus valores culturales, a través del ejercicio del comercio solidario. En su página web (mercadodelaestepa.com.ar), los referentes mencionan que es un "espacio de intercambio que nos da unidad, es decir, en donde todos los integrantes venimos a ofrecer lo que producimos". Y afirman que "su nombre nos da identidad, que es lo que reflejan nuestros productos, ya que utilizamos los recursos y la materia prima que nos brinda el ambiente en el que vivimos y también reflejan el saber hacer propio de quienes vivimos en la estepa".

Como objetivos principales persigue:

• Mejorar la calidad de vida de los productores y artesanos socios del Mercado.
• Promover la Economía Social a través de la comercialización artesanal en forma directa al consumidor, para mejorar los ingresos de las familias ligadas al Mercado.
• Impulsar y valorar el trabajo participativo y asociativo como medio para el desarrollo, auto sustentación y crecimiento de las familias.
• Rescatar y valorar las antiguas técnicas de producción para que cada artesanía y producto exprese la idiosincrasia de cada comunidad.
• Establecer un lugar de referencia para promover el desarrollo de proyectos productivos y turísticos en la estepa.
• Promover un espacio para la demostración de las expresiones culturales y artísticas de la región.
• Rescatar y afianzar los valores culturales e históricos de sus comunidades.

Dicho mercado cuenta con más de 250 productores (destacándose las hilanderas y tejedoras) que viven en una región cuya asociación más lejana está a 400 kilómetros del punto de venta principal. La red de trabajo y comercialización permite así acercar las artesanías a los turistas de manera directa, del artesano al comprador.

Ana Basualdo, referente del Mercado de la Estepa, dice:

> Es importante notar que hay varios temas que van atravesando lo que es en sí el mercado como espacio de comercialización. Está formado por ocho comunidades (en un radio de 400 km) que tienen muchas dificultades para comercializar los productos debido a los difíciles accesos. El espacio que nosotros tenemos en Dina Huapi es el paso obligado por Ruta 40 de Bariloche a Villa la Angostura, se le da importancia con gran enfoque en las comunidades rurales, ya que los artesanos de Bariloche tienen muchas posibilidades de venta, no así las comunidades que están en la Ruta Provincial Nro. 23. (Entrevista personal, febrero 2018).

Sin dudas, uno de los puntos importantes que ha generado el Mercado de la Estepa es la revalorización del trabajo artesanal, ya que al pagarse poco se iba dejando de practicar. En el esquema de comercio justo, las ganancias para las familias son otras: "esto permitió que se rescataran valores, se trabajó sobre la gente que sabía, las más ancianas o aquellas que habían tomado los saberes de sus abuelas", afirma la referente del Mercado.

La organización

En el Mercado de la Estepa atienden al público los productores de los distintos parajes, quienes se turnan, de acuerdo con un cronograma preestablecido mensualmente. Los días de semana la atención es abarcada por los artesanos del grupo de Dina Huapi, y los fines de semana, por los integrantes de las comunidades más alejadas (dos o tres por turno). Los artesanos cuentan con instalaciones en la planta alta del edificio para alojarse durante su estadía, aproximadamente un fin de semana al mes. Es en esos momentos donde interactúan con el público visitante, y le transmiten sus saberes en lo referente a los artículos comercializados. Los productores también participan en las tareas de mantenimiento y limpieza del edificio.

"Nuestra estructura está basada en la organización interna de ocho parajes, por cada uno de ellos hay un grupo de artesanas/os que tiene que juntarse, ponerse de acuerdo y participar en el mercado", explica Basualdo.

En cuanto a los productos, las normas son estrictas: sin excepción, no pueden ser de reventa ni industrializados. Aquellos alimenticios deben cumplimentar con la habilitación municipal o de la comisión de fomento correspondiente. De cada venta, el Mercado se reserva el 10% del total del precio para hacer frente a los gastos fijos y eventuales de mantenimiento y funcionamiento del edificio.

De lunes a viernes atiende la gente de Dina Huapi, una vez por semana. Hacen también la parte de contaduría, preparan los pagos para los parajes: se presentan las planillas donde constan los productos llevados al mercado por cada paraje. Los fines de semana, está atendido por personas de los parajes, que si es necesario se quedan a dormir en el edificio del mercado.

Las artesanas y productoras participan en el Mercado de la Estepa en forma asociativa y como miembros de una comunidad dentro del territorio de Pilcaniyeu y no en forma individual. Hay invitadas que son de la cooperativa de Somuncura y de Jacobacci. Todas participan de la cadena de producción y comercialización, aunque gran parte lo hace en forma asociativa y representativa.

Cada comunidad o paraje tiene su propia organización para cumplir con todas las responsabilidades. Se realizan reuniones y luego se comparten en las Asambleas Generales y/o con la Comisión Directiva. Cada comunidad debe cumplir con la atención del local de ventas (donde todos venden lo de todos) por lo menos una vez por mes, revisar la mercadería, cobrar las ventas, participar del mantenimiento del edificio, estar dispuestos a representar al Mercado de la Estepa en ferias y talleres, entre otras actividades programadas.

El proceso de institucionalización del Mercado como Asociación Civil se llevó a cabo luego de reuniones con profesionales y talleres específicos sobre el tema, en los que se acordó con los socios tomar esa forma jurídica. Como Asociación Civil, la formalización y administración resulta más simple que la forma cooperativa, y por lo tanto muy adecuada para que los socios puedan autogestionarla. Se ha llegado a este acuerdo ya que esta figura legal respeta, en gran medida, el reglamento interno original del Mercado de la Estepa. La Asamblea es el órgano en el que se toman las decisiones y a esta deben asistir los representantes de cada comunidad que participa, lo que le da legitimidad.

Las actividades

El Mercado ofrece distintas actividades en las que los artesanos y pequeños productores participan, algunas abiertas a la actividad turística. Todas promueven el intercambio de saberes, la venta de productos y la transmisión de su visión con respecto al trabajo asociativo y comunitario, y la valoración de recursos naturales y de los conocimientos de cada comunidad, que constituyen la esencia de su conformación.

Salón de ventas: es el punto permanente de comercialización de los productos y artesanías elaborados por más de 250 pequeños productores y artesanos de las comunidades rurales de la Estepa Patagónica. Se encuentra en la planta baja del edificio del Mercado.

Salones Comunitarios: en los distintos parajes que participan del Mercado de la Estepa existen Salones Comunitarios, donde las artesanas tienen un espacio de reunión, realización de talleres y actividades productivas como lavar la lana, hilado, etc. El objetivo es que sea un lugar de pertenencia para las mujeres, un lugar que consideren como propio, donde puedan producir y compartir en grupo, junto a otras productoras. En Pilquiniyeu del Limay, Comallo y Laguna Blanca las construcciones ya están avanzadas (febrero 2018).

Banco de Lana: las/os artesanas/os del Mercado de la Estepa que trabajan fibras textiles cuentan con distintas maneras de proveerse de las materias primas necesarias: cría y esquila de sus propios animales, compra individual de los vellones necesarios o participación en el Banco de Lana. El Banco de Lana es un Fondo Solidario de Insumos que busca aprovisionar a las/os artesanas/os de vellones y realizar un rescate genético de especies ovinas de calidad artesanal (Oveja Linca).

El trabajo consiste en identificar y clasificar vellones de lana en distintas regiones de las provincias de Neuquén, Río Negro y Chubut, por parte del Mercado de la Estepa, Surcos Patagónicos e INTA. Los vellones seleccionados son comprados por Surcos Patagónicos mediante un fondo rotativo de dinero; luego se almacenan en las localidades y desde allí se distribuyen. De esta manera, cuando una hilandera necesita materia prima, toma un vellón de lana, lo hila y luego devuelve únicamente el equivalente de su costo con lana hilada. El resto del vellón queda para la artesana.

Toda la lana ingresa para su comercialización en el Mercado de la Estepa. La diferencia es que la lana hilada con la que se pagó el vellón ingresa con una etiqueta diferencial del Banco de Lanas, mientras que el resto ingresa a nombre de la artesana y corresponde a su producción. Como resultado, cuando se vende esta materia prima a nombre del Banco de Lana se recupera el dinero para refinanciar el fondo rotatorio. De esta manera, se logra una constante renovación de dinero, lo cual permite comprar más vellones y comenzar nuevamente un ciclo autosustentable que aprovisiona a las artesanas de materia prima durante todo el año.

Espacio cultural: actividades culturales, sociales y educacionales (charlas, conferencias y talleres de capacitación)
relacionados con las características de las comunidades
rurales patagónicas se desarrollan en el espacio cultural ubi-
cado en el primer piso del edificio del Mercado. Es el espacio de encuentro entre productores y artesanos, y también
para el público en general, interesado en las comunidades
de la estepa, su historia y su cultura. Entre esas actividades se suceden las exposiciones de fotos, piezas históricas,
reliquias, artesanías y otros objetos que reflejan la historia
y la riqueza cultural.

Sobre los beneficios intangibles de la actividad, la referente del Mercado, Ana Basualdo, afirmó:

> A nosotros esta posibilidad de vender nos ha llevado a otras
> cosas que no se ven, que es la parte social. Para nosotros es
> lo más importante. Principalmente, se revalorizó el rol de la
> mujer ya que el 80% son mujeres que fueron valorizadas tam-
> bién en su comunidad. Por ejemplo, hay dos de las mujeres
> que en sus comunidades terminaron siendo autoridades loca-
> les (comisión de fomento). Dichas mujeres no sólo se encar-
> gan de cuestiones de artesanías, sino que también abarcan
> muchas otras acciones propias de cada lugar (caminos, agua
> potable, residuos, etc.).

El Mercado de la Estepa es un caso muy interesante
para replicar: su aprendizaje en la organización y funcionamiento, y que eso los llevara al cumplimiento de las metas
propuestas, contribuiría en distintas regiones de Argentina
a solucionar un tema tan sensible y escasamente abordado
como lo es la comercialización de los productos y artesanías
de las familias rurales.

6

Un aporte metodológico para el diseño y la gestión participativa del TRC

Los conceptos y etapas del proceso de Planeación Estratégica Interactiva de Miklos y Tello (1993) nos aportan tres momentos para la operacionalización de las instancias de trabajo con las comunidades. En cada una de ellas, plantearemos los momentos intermedios y las recomendaciones que, basadas en nuestra experiencia, se deben atender para conseguir los resultados esperados.

Ponemos especial énfasis en una etapa adicional que contempla el seguimiento y la evaluación de los proyectos en ejecución. Esto último es algo poco frecuente en la práctica cuando se trata de proyectos de desarrollo turístico y es de gran importancia para la continuidad, la revisión y la mejora de las propuestas. Es importante definir quién y de qué manera seguirá en contacto con estas comunidades luego de terminada la ejecución del financiamiento, la participación en los programas gubernamentales o los trabajos puntuales de asesoría y transferencia en relación con instituciones del "Sistema Científico Tecnológico Argentino" (organismos, universidades, institutos de investigación, etc.)

La Planeación Interactiva (Miklos y Tello, 1993) tiene seis principios coincidentes con nuestra metodología: es prospectiva (lo que se quiere hacer), es participativa, de enfoque sistémico, de continuidad, es estratégica y con una mirada necesariamente holística.

Dicho lo anterior, organizaremos los contenidos metodológicos en cuatro etapas:

Etapa 1. Diagnóstico estratégico: situación actual.

Etapa 2. Direccionamiento estratégico: ¿qué se pretende hacer?

Etapa 3. Proyección táctica: ¿cómo se lograrán las metas propuestas?

Etapa 4. Evaluación: ¿qué mecanismos e indicadores se utilizarán para poder rever estrategias y mejorar los proyectos?

De modo transversal a las cuatro etapas del proceso de trabajo con las comunidades, se tendrán en cuenta las dimensiones generales de la sustentabilidad: la económica, la sociocultural y la ambiental.

Es importante definir los días y horarios de encuentros con la comunidad, así como los espacios físicos, considerando la mayor accesibilidad posible. Solo de esta forma se garantizará una mayor asistencia a las reuniones y, en consecuencia, una creciente participación en el proyecto de TRC. Un proyecto sin gente no puede jactarse de ser participativo.

Etapa 1. Diagnóstico estratégico: ¿dónde estamos?

En esta etapa se pretende realizar un análisis de la situación actual de la comunidad con respecto a cada una de las dimensiones de sustentabilidad. Mediante la utilización de herramientas de trabajo para la gestión participativa, se identifican fortalezas y debilidades (análisis interno), oportunidades y amenazas (análisis externo) con la utilización de la matriz FODA.

Este diagnóstico consta de cinco instancias diferentes pero articuladas entre sí: a) Recopilación previa de información, antecedentes y normativas; b) Seminario y Taller (FODA y Mapa de Actores); c) Recorrido y observación participativa; d) Aporte de los integrantes del grupo desde sus conocimientos locales; e) Puesta en común, que se someterá a debate en la Etapa 2.

Se analizan recursos naturales y culturales (tangibles e intangibles) disponibles, posibles servicios y actividades a ser ofrecidos teniendo en cuenta los conceptos y lineamientos compartidos en la instancia de seminario, actores necesarios y disponibles (factor humano), posibles aliados estratégicos –en un primer diagnóstico por cercanía o intereses comunes– y un primer acercamiento a la demanda (¿quién es mi cliente?). Se realiza además un mapa de actores clave, de qué manera serían estratégicos para la propuesta de TRC.

Es importante destacar que una metodología que ha sido probada, y que recomendamos usar, consiste en dejar sin efecto las clases magistrales estrictamente académicas o los talleres solo como talleres, logrando una combinación entre ambos esquemas que consiste en acordar conceptos básicos iniciales, así como los objetivos de la jornada, aprovechando cada consulta del auditorio como instancia de capacitación colectiva. *De esta manera, se pasa de "lo que el técnico dice" a "lo que entre todos estamos construyendo".* Esta modalidad de trabajo obtiene muy buena aceptación y arroja resultados muy interesantes para el proyecto común. También permite visualizar intereses individuales hacia la definición de modelos de negocio particulares en articulación con el proyecto grupal de TRC.

Esta metodología requiere, por parte del equipo técnico, respeto por los tiempos de escucha, un ejercicio probado en coordinación de grupos y facilitación de proyectos asociativos, y tiempos que exceden los pensados para las capacitaciones tradicionales en las que el disertante da una charla, responde preguntas y se retira del espacio de trabajo. Hay un tiempo de reflexión y conocimiento mutuo que favorece la confianza y la co-construcción, ambos aspectos muy necesarios para cumplir las metas y sostenerlas en el tiempo. A medida que las reuniones de trabajo avanzan, se construye un espacio de participación y de vínculos humanos que conforman el escenario en el que surgen las ideas, y su validación para llevarlas adelante.

Etapa 2. Direccionamiento estratégico: ¿qué quiere hacer la comunidad?

En modalidad de Taller se trabaja en grupos reducidos con un lienzo de la metodología CANVAS adaptado para que los participantes puedan cruzar los resultados de la Etapa 1 con los relevamientos más actuales (entre encuentro y encuentro se sigue relevando), las motivaciones particulares y grupales, las necesidades del mercado (demanda y áreas de vacancia) y aquellos productos que se desea ofrecer (propuesta de valor). En este lienzo se los anima a profundizar, con una mirada más amplia, sobre las alianzas estratégicas necesarias para cumplir las metas, ya sean integrantes del grupo de trabajo, otras familias, prestadores, organismos gubernamentales, ONG, instituciones del sistema educativo, entre otros. Se realiza una primera evaluación de costos y se comienza a definir el modelo de negocio en ambos niveles (individual y grupal).

Se solicita a los presentes que intercambien en plenario los resultados que son puestos a debate con los demás talleristas. Esto permite identificar puntos comunes y diferentes para seguir trabajando. Se produce también un redescubrimiento de "los vecinos" que hasta ese momento no eran considerados como posibles pares emprendedores, trátese de personas, asociaciones, municipios, parajes rurales, u otros.

Definiendo proyectos ecoturísticos, Jujuy – INTA y SAF

En esta etapa, los Viajes de Intercambio emprendedor resultan inspiradores para terminar de delinear los Modelos de Negocio que se pretenden realizar. Un grupo de emprendedores que visita a otro grupo de emprendedores que muestra similitudes con lo que se quiere hacer encuentra una capacitación amena e intensiva desde el aprender de la experiencia de quienes ya están transitando el camino. Estos intercambios, además, son clave para ampliar la red de relaciones empresariales y permiten pensar acuerdos e intercambios posteriores. En ellos, la observación, el relato en primera persona y los espacios generados para la reflexión grupal son clave.

En esta línea, un caso interesante para ver e inspirar acciones es La Ruta del Aprendizaje Emprendedor realizada con la participación de 16 jóvenes de comunidades rurales de la provincia de Chubut. Una iniciativa de lo que por entonces era el Ministerio de Agricultura, Ganadería y Pesca de la Nación (MAGyP-PROSAP). La síntesis de la experiencia está disponible en YouTube: *Ruta de Aprendizaje Emprendedor Jóvenes Emprendedores Rurales* (goo.gl/uJ3ME6).

Es muy importante que como técnicos facilitadores planifiquemos los tiempos necesarios para cada instancia, sin apuros, sin tiempos limitados que truncan los resultados. Es muy común observar que luego de jornadas completas de trabajo para las conclusiones se destinan menos de cinco (¡cinco!) minutos por grupo de trabajo, sin opción a que cada grupo pueda intercambiar visiones, objetivos y posibilidades. Esto no debe pasar si se pretenden resultados dignos de ser enmarcados dentro de la definición de proyectos de gestión participativa en todas las instancias del mismo.

A cada Etapa le debe corresponder una completa minuta de resultados que le irá dando forma al informe final. Los contenidos deben ser consensuados por los participantes y, al ser sistematizados, pueden dar lugar a ideas proyecto con distintos fines: la búsqueda de financiamiento es una de ellas.

Etapa 3. Proyección táctica: ¿cómo lograr las metas propuestas?

Una vez que se han consensuado los pasos a seguir, con qué recursos, y con qué alianzas estratégicas, y poniendo en valor qué particularidades, se deben definir con la comunidad los plazos para cada una de las acciones. Es recomendable agrupar las acciones y objetivos por etapas: preferentemente a corto, mediano y largo plazo.

A medida que pasa el tiempo y se cumplen los objetivos, se irá logrando la consolidación grupal y las experiencias necesarias para ajustar y plantear nuevos horizontes. El desarrollo escalonado responde generalmente a la viabilidad, pero, además, a que la posibilidad de ir cumpliendo metas propuestas es una gran motivación para la comunidad emprendedora.

En esta etapa, además de los espacios de trabajo comunes con la comunidad, se incorporan las visitas técnicas: recorridos y entrevistas a campo y específicamente en locaciones ofrecidas para la actividad de TRC, que realiza el equipo asesor a las familias.

En estas visitas, el diálogo es la principal herramienta de trabajo, así como la observación, la respuesta a consultas y la indagación sobre los saberes que se pondrán en juego en el intercambio con los turistas, cómo se organizará ese discurso, qué servicios puntuales se ofrecerán (directos y de terceros), entre otros aspectos que hacen a la definición del producto turístico como tal.

Debemos prever, como asesores, el tiempo para realizar observaciones participativas. Esta es una de las estrategias más efectivas para orientar al emprendedor sobre cómo recibir y qué decir a los turistas. Erróneamente, este aspecto suele darse por sentado presumiendo que los pobladores "encontrarán la forma de hacerlo". Ofrecer una orientación al respecto es clave para que la transición de la vida privada de las personas a una vida que será puesta ante la mirada de foráneos sea menos estresante.

Con frecuencia, en la confianza con los técnicos, en el enseñar a los conocidos (aprender haciendo) se encuentra ese cómo recibir a los visitantes de manera espontánea. El ejercicio es necesario, así como permitirse hacer ajustes en función de la experiencia y de las preguntas (e intereses) de quienes los visitan.

Al respecto, también resulta muy eficaz realizar los primeros recorridos y experiencias de TRC con una comitiva de familiares y amigos, quienes además pueden hacer sugerencias como usuarios, pero con la confianza que establece el vínculo previo.

Es relevante contemplar dentro de esta etapa las metas y estrategias puntuales de comunicación y comercialización del producto turístico, definir responsables y objetivos a cumplir en las distintas instancias de desarrollo. Este aspecto es determinante para que el turista llegue a destino, disfrute de la experiencia acorde a sus expectativas (coherencia entre lo que se comunica y lo que se ofrece) y encuentre espacios para dar sus comentarios al respecto. La comunicación y la comercialización deben contener sus indicadores específicos para ser evaluadas permanentemente; esta evaluación permite ajustar contenidos, mensajes y hasta los servicios para un mejor funcionamiento del negocio.

Portal de acceso con forma de carro. Evocando la cultura del carrero.
Alto Río Percy, Chubut

Etapa 4. Evaluación: indicadores y revisión de estrategias

La Etapa 4 es permanente desde la ejecución de los proyectos de TRC. Tener un diagnóstico sobre cómo avanza
(o no) el proyecto permite rever y redefinir estrategias.

Las reuniones periódicas con el grupo emprendedor
son necesarias para compartir experiencias, problemáticas y necesidades. También para rever las metas propuestas y realizar el seguimiento de cada una de ellas.

Es conveniente animar a los emprendedores a llevar
registro de sus clientes (permite generar acciones de
marketing posteriores), a realizar breves encuestas de
satisfacción y a estar atentos a los comentarios y repli-
caciones de la experiencia en las redes sociales (¿Qué
dicen los turistas de la experiencia individual? ¿Y de
la grupal?).

Participar en eventos colectivos, como lo son las
ferias o fiestas populares, ofrece una excelente oportunidad para mostrar la oferta y para estar atentos a los
comentarios del público; también es un momento de
análisis de la competencia y de inspiración.

Llevar un libro de visitas y uno de quejas es una
herramienta simple y de fácil seguimiento para poder
identificar nuestras fortalezas y debilidades, actuando en
consecuencia para reforzar lo más ponderado y mejorar
aquellas cosas que no han alcanzado las expectativas
de nuestros clientes.

Estar abiertos a pasantías y proyectos de extensión
con universidades locales y regionales permite el ingreso
de nuevas miradas desde perspectivas diversas. Estas
actividades ofrecen líneas de trabajo posibles para mejorar los proyectos, realizar diagnósticos adicionales y
ampliar la red de trabajo.

TRC: Diseño y ejecución de proyectos de gestión participativa

Gallo y Peralta, 2018. Elaboración propia.

Un aporte metodológico para el diseño y la gestión participativa del TRC

ETAPA	Objetivos	Metodología	Espacio
E1 Diagnóstico estratégico: ¿dónde estamos?	Recopilar y ordenar los antecedentes y normativas.	Revisión documental y bibliográfica.	Trabajo previo realizado por los técnicos asesores (luego será puesto a consideración en la instancia siguiente).
	Acordar conceptos teóricos básicos para emprender en TRC.	Seminario.	Reunión grupal en espacio común.
	Identificar la situación actual de la comunidad.	TallerMatriz FODA.	Reunión grupal en espacio común.
	Identificar actores clave. Realizar un primer diagnóstico de posibles aliados estratégicos.	Mapa de Actores.	Reunión grupal en espacio común.

	Relevar recursos tangibles e intangibles.	Observación participativa.	Recorridos por la zona (tomando fotos, recreando historias, intercambiando experiencias, dialogando con actores).
	Identificar y acordar lineamientos estratégicos con los organismos públicos.	Entrevistas con responsables de áreas de desarrollo local, turismo, desarrollo social y medio ambiente, entre otras.	Entrevistas individuales y/o grupales.
	Acordar líneas de acción y criterios de trabajo conjunto.	Exposición plenaria por grupos de trabajo. Debate.	Reunión grupal en espacio común.
E2 Direccionamiento estratégico: ¿qué quiere hacer la comunidad?	Evaluar los resultados de la E1.	Puesta en común y discusión.	Reunión grupal en espacio común.
	Identificar las motivaciones individuales y grupales para emprender en TRC.	Taller en instancia individual y luego grupal. Puesta en común.	Reunión grupal en espacio común.

	Delinear los productos posibles a ser ofrecidos y los actores responsables. Caracterizar la propuesta de valor y el segmento objetivo. Consolidar alianzas estratégicas. Realizar una primera evaluación de costos necesarios y disponibles. Plantear estrategias para cubrir las necesidades que surjan del diseño de productos.	Lienzo CANVAS. Exposición de conclusiones e intercambio de visiones.	Reunión grupal en espacio común.
	Enriquecer las propuestas con las experiencias de otros emprendedores.	Intercambio Emprendedor.	Viaje de Intercambio visitando emprendedores de TRC.
E3 Proyección estratégica: ¿cómo lograr las metas propuestas?	Definir plazos de realización del proyecto TRC. Establecer prioridades en función de los recursos disponibles. Identificar la demanda para cada producto turístico y los canales para su comercialización. Plantear un Plan de comunicación y comercialización específico.	Seminario.Taller y exposición plenaria. Debate.	Reunión grupal en espacio común.

	Fortalecer las propuestas re-evaluando los recursos y saberes propios.	Visitas técnicas. Observación participativa. Aprender haciendo.	Locaciones y espacios naturales ofrecidos para la actividad de TRC.
	Consolidar los relatos y estrategias para la atención al turista.	Visitas de iniciación con comitiva de familiares y/o amigos.	Circuito de TRC.
E4 Evaluación: indicadores y revisión de estrategias.	Definir indicadores y periodos de evaluación de la propuesta de TRC. Acordar herramientas de evaluación. Designar responsables para realizar este seguimiento. Establecer frecuencia de reuniones periódicas. Diseñar un circuito de circulación de la información que permita rever estrategias y ajustar las propuestas en tiempo real. Realizar una agenda de presentación del proyecto de TRC en Congresos, Ferias, medios de comunicación y otros espacios que generan *feedback* necesario para la autoevaluación.	Taller y debate.	Reunión grupal en espacio común.

Gallo y Peralta, 2018. Elaboración propia.

Innovación en los espacios participativos

En 2017, la Facultad de Agronomía de la Universidad de Buenos Aires (FAUBA), en acuerdo con el Gobierno de la Provincia de Entre Ríos (GER), plantearon la realización de encuentros de capacitación, taller y debate con el objetivo de acercar al territorio "Herramientas para el desarrollo de los pueblos rurales entrerrianos", cuyo resultado ofreciera los lineamientos necesarios para el impulso y fortalecimiento del turismo rural como motor para la la diversificación de la oferta turística actual centrada particularmente en las propuestas: Carnaval, Termas, Pesca y Fiestas Populares.

En los distintos encuentros participaron representantes de 19 parajes rurales y ciudades de la provincia de Entre Ríos: Chajarí, San Jaime de la Frontera, San José de Feliciano, Federal, Villaguay, Tierra de Palmares (microrregión), Villa del Rosario, Lucas González, La Criolla, Gualeguaychú, Aldea San Antonio, Ibicuy, Colón, Gualeguay, Almada, Colonia Stauber, Parera, Irazusta y Gilbert.

Para las actividades en territorio se plantearon tres zonas que fueron definidas por su accesibilidad para los pueblos rurales: Federal (Norte), Villaguay (Centro) y Aldea San Antonio (Sur). Estas acciones fueron coordinadas por un cuerpo docente especializado y en permanente relación con los actores, técnicos y profesores en territorio.

El programa de cada encuentro, facilitado por la Lic. Graciela Gallo, tuvo como objetivo "Brindar conocimientos y herramientas para impulsar negocios turísticos en el ámbito rural, con una gestión participativa y de respeto por el entorno natural y cultural de las comunidades". Para ello, los participantes de las visitas técnicas y de las Jornadas de capacitación, intercambio y taller pudieron conocer y reflexionar sobre la importancia que tiene el turismo rural en la cadena de valor de la actividad agropecuaria; identificaron los recursos y atractivos del ámbito rural; adquirieron herramientas de comunicación y comercialización; e incorporaron capacidades para el trabajo con otros y para el impulso de proyectos asociativos (Gallo y Fernández, 2017).

Cierre de Jornadas con historias vivas: inmigrantes alemanes en Aldea San Antonio, Entre Ríos. Tortas típicas

Los asistentes a cada Jornada (productores, profesionales, emprendedores de turismo rural, autoridades gubernamentales y representantes de organizaciones sociales) participaron en grupos organizados por Juntas de Gobierno y, a veces, en conjunto con otras por su cercanía territorial. En estas actividades identificaron los recursos disponibles y las posibles ofertas turísticas que podrían ser desarrolladas destacando atractivos del lugar/región, pensando en consolidar productos turísticos rurales identitarios (OMT, 1998).

En las instancias de análisis y discusión, los integrantes de cada grupo trabajaron identificando también aquellos valores inmateriales propios de cada lugar, entendiendo por patrimonio inmaterial (UNESCO, 2003) aquellas formas de expresión populares y tradicionales, tales como las lenguas, la literatura oral, la música, la danza, los juegos, la mitología, los rituales, las costumbres o las técnicas artesanales, así como los espacios culturales; también los lugares que concentran actividades populares y tradicionales; y los espacios asociados a un ritmo temporal que hace que un determinado acto se reproduzca regularmente (rituales cotidianos, procesiones anuales, narraciones orales).

Asimismo, compartieron historias familiares y antecedentes gastronómicos propios de la provincia y analizaron su fusión con las distintas corrientes inmigrantes (principalmente italiana y alemana). Se puntearon aquellos recursos tangibles e intangibles vinculados específicamente a la gastronomía y a las materias primas, considerando que son de gran impacto y potencialidad para la demanda turística (Falcón, 2014) y que estos atractivos tienen un público específico muy interesado en conocer, cocinar, degustar, experimentar sabores y texturas que involucren materias primas locales y recetas tradicionales.

Cierre de Jornadas con historias vivas: Chamamé en Federal, Entre Ríos

En estas Jornadas también se generaron espacios en los que cada uno pudo dar a conocer el emprendimiento que desarrolla y contar sus particularidades y sus problemáticas; esto generó vínculos y posibles alianzas para un futuro de trabajo asociativo y de cooperación regional. Fue valorado por los presentes "saber más sobre otros pueblos", de los que expresaron "no tener mucho conocimiento" a pesar de la cercanía.

Como estrategia, en el espacio participativo se trabajó intercalando momentos de intercambios de experiencias, saberes y opiniones. Además, en cada uno de los puntos de encuentro se prestó especial atención a las expresiones locales que surgieron espontáneamente. Estas fueron bien recibidas por los presentes y contribuyeron a fijar con éxito los conceptos de la teoría en la práctica.

En Aldea San Antonio merece especial mención el cierre de la actividad con degustación de la torta típica alemana (*Tinekuchen*) y la ejemplificación del concepto "Patrimonio Vivo" en el relato de Doña Elvira, descendiente de la última familia inmigrante de alemanes del Volga que llegó a esa región. Las emociones que generó y la atención que captó su relato, al tiempo que se degustaba el *Tinekuchen,* dejaron en evidencia la importancia de imprimir experiencias y ofrecer nuevos saberes y sabores a los visitantes, aquellos que son propios del lugar, auténticos.

En Villaguay, podemos destacar el baile y la explicación de la Chamarrita por parte de un docente de la región (todos los presentes acompañaron con palmas y ensayaron unos pasos); así como la feria de productos del Grupo Cambio Rural INTA "Huellas del Montiel" y de los representantes de Villa del Rosario, quienes ofrecieron degustaciones para motivar a los talleristas mientras trabajaban. Estas acciones favorecieron el clima y fortalecieron el concepto de acciones conjuntas y articuladas para el desarrollo, además de poner en escena la importancia de "lo local" como capital identitario de las propuestas.

En Federal, dos participantes ofrecieron una demostración de Chamamé, explicaron cómo sería enseñar algunos pasos a los visitantes (idea que habían plasmado en sus papelógrafos) y ejemplificaron también que transmitir saberes e imprimir vivencias en los otros son hechos relevantes de la actividad turística. Fue un momento de alegría, de pasión compartida y de referencia directa a la Fiesta Nacional del Chamamé que se realiza en el mes de febrero en esa ciudad entrerriana.

Los resultados obtenidos de cada una de las etapas de trabajo se sistematizaron en informes que fueron puestos a discusión con los representantes de cada región y quedaron a disposición de las autoridades provinciales, regionales y locales. Estos materiales fueron utilizados como base para la redacción de ideas proyectos que facilitaran la obtención de financiamiento; para el diseño de normativas específicas que cubrieran la necesidad de regulaciones acordes a las actividades de turismo rural; y para la concreción de acciones posteriores a esas actividades (Gallo y Fernández, 2017).

El turismo rural, entendido como destino de política de desarrollo territorial, ofrece múltiples alternativas para estimular la movilización del capital social local, de gran riqueza cultural y patrimonial, muchas veces carente de canales de expresión visible. Emprendedores, productores, mujeres y jóvenes con inquietudes para desarrollar nuevas actividades y generar fuentes de ingreso alternativas justifican la implementación de incentivos de desarrollo que vuelven multiplicados al territorio cuando se los planifica adecuadamente.

Como facilitadores, manejar tiempos que permitan expresiones espontáneas de los participantes, que generen mayor fortaleza relacional y que inspiren nuevas ideas más allá de las planteadas como ejes de las capacitaciones abre un mundo de posibilidades, y genera motivación y pertenencia, elementales para el sostenimiento de los compromisos a mediano y largo plazo.

7

Las alianzas emergentes
en el proceso del desarrollo turístico

> No solo necesitamos alguien a quién amar, también necesitamos amigos, mentores, modelos a seguir y gente que nos apoye, que crea en nuestros sueños y que nos ayude a alcanzarlos.

Nick Vujicic

Con frecuencia nos encontramos con espacios tradicionalmente estancos, no plenarios ni participativos, en los que un orador ofrece sus conocimientos, pone a "discusión" los conceptos y orienta los resultados esperados y posibles de ser llevados adelante. Hablábamos en capítulos anteriores de la visión tradicional de impulso de proyectos turísticos en la que se realiza un relevamiento de recursos, se proponen productos posibles en base a una demanda preanalizada (descartando nuevas posibilidades de nicho) y se "acuerda" con los actores locales el "mejor camino" a seguir desde planes estratégicos acordes a las políticas públicas locales y regionales, pero que no necesariamente contemplan los intereses y proyectos de vida de las personas involucradas.

El turismo, como cualquier otra actividad, es un trabajo que requiere dedicación, entrega e inversión (tiempo y dinero). Prestadores motivados e involucrados desde el diseño de los productos, la mejora progresiva de los servicios y los productos ofrecidos son esenciales para la continuidad, así como para el impacto en el destino turístico.

Hay una tendencia cada vez menos generalizada, pero aún vigente, a considerar que con dar un seminario de algunas horas se habrá cambiado la realidad de un territorio. Nuestra experiencia arroja que en participaciones breves de acercamiento a una realidad determinada, los facilitadores debemos ofrecer múltiples herramientas posibles de ser replicadas por los asistentes "ni bien llegan a sus casas y las comentan para otros", para que cada uno de los emprendimientos o modelos de negocio en estado de definición se vean enriquecidos en algún aspecto, ya sea de diseño, de vinculación con otros actores o de mejora de las estrategias de comunicación y comercialización para que los productos funcionen y se potencien en el tiempo.

Volvemos en este punto a pensar los resultados de cada una de las actividades estableciendo indicadores apropiados a la actividad y que pongan el foco en la gente, en los emprendedores y en cómo estos pueden establecer nuevos vínculos o fortalecer los preexistentes con organismos públicos, instituciones y pares, para cumplir las metas propuestas.

Algunas situaciones duelen desde el recuerdo, producen profundas frustraciones y limitan los intentos posteriores de impulsar el turismo comunitario como herramienta para el desarrollo local. Hemos tenido el honor de acompañar comunidades en distintas provincias de nuestro país, y nos hemos encontrado con frecuencia con antecedentes no felices. Quienes "tienen la verdad" han dado indicaciones que solo generaron desmotivación y contradicciones, desde una visión centralista definida en las grandes ciudades y con escasa empatía con los pobladores en territorio.

En esos casos, luego de varios días para ganar confianza, hemos logrado tener la respuesta a nuestras consultas sobre por qué no quieren hacer actividades vinculadas al turismo y por qué no concurren a los talleres y capacitaciones. Lo que la gente nos dice con frecuencia nos sorprende, pero nos da pie para poder plantear una visión diferente de trabajo participativo. Desde allí, construir se convierte en una posibilidad.

En un pequeño paraje rural (Junta de Gobierno) de la provincia de Entre Ríos, mate de por medio, una familia nos dijo:

> El turismo es una farsa. Viene un capacitador, te dice que cambies todas tus sábanas, que compres colchones con resortes, que ofrezcas desayuno continental y que solo así vendrán los turistas. A los meses, después de endeudarnos, caen con algunas personas, te pagan dos pesos y toda la plata se la quedan ellos como intermediarios. No nos enseñaron cómo hacer que el cliente llegue, y terminó siendo negocio para otros. Además, no estábamos cómodos. Nosotros no somos colchones de marca, lujo, ni desayuno continental.

Y sobre la mirada holística del desarrollo turístico, nos quedamos con esta respuesta de una señora en una comunidad aislada de la Patagonia Argentina. Palabras que también nos invitan a reflexionar:

> Nosotros no vamos más a las reuniones ni talleres porque vienen acá y dicen que "lo nuestro vale", pero no comparten con nosotros, no comen nuestras tortas, no toman nuestros mates, no nos preguntan por nuestras familias ni por nuestras necesidades. Dan su charla en leguaje técnico, dando por supuesto que nosotros sabemos qué es lo que dicen, y al terminar se van a la ciudad más cercana y se quedan en el hotel más caro… y con spa.

Estos dos casos siempre nos acompañan y los mantenemos presentes como "aquello que no nos puede pasar", además de recordarnos permanentemente que estamos en un camino y aplicando una metodología que debe inspirar nuevas formas de trabajo conjunto, de diálogo, sin desestimar los sueños y las aspiraciones de cada uno de los participantes.

El desarrollo del turismo rural comunitario conlleva necesariamente innovaciones tecnológicas, organizacionales y una garantía de calidad mínima para el turista. En este sentido, una de las conclusiones más importantes es la redefinición de la noción de "experticia". Los estudios constructivistas de la tecnología y el conocimiento científico revelan que "hacer" ciencia y tecnología implica una variedad de grupos sociales y que esos grupos constituyen con su propia experticia al proceso. En lugar de una secuencia de decisiones individuales, el desarrollo de la ciencia y la tecnología es el resultado de un proceso social no-lineal. En ese sentido, las decisiones sobre la ciencia y la tecnología no pueden limitarse a los científicos y otros "expertos" en un sentido tradicional (Bijker, 2010).

En consecuencia, se produce un desplazamiento de la problemática demarcacionista que dio lugar a epistemologías que intentaban capturar y legitimar la singularidad de la ciencia y la tecnología, pasando a una problemática del diálogo y de la traducción donde el problema es cómo conviven en una sociedad democrática conocimientos y actores que los producen, se los apropian y los hacen circular. En particular, es de nuestro interés seguir trabajando sobre las dinámicas de la distribución social del conocimiento y fundamentalmente cómo se incorpora en las decisiones públicas: si vivimos en una sociedad del conocimiento, lo que corresponde es comprender los modos en los que el conocimiento se vuelve activo en los procesos decisorios y aquí es donde se pasa de una epistemología social descriptiva a una epistemología social normativa: la postulación de modelos democráticos para la ciencia (Fuller, 1988). Cabe reflexionar sobre los siguientes interrogantes: ¿Quién tiene los saberes? ¿Qué tipo de saberes están en juego? ¿Quiénes y cómo se legitiman? ¿De qué manera esas relaciones influyen en los productos finales y en la gestión y distribución de los beneficios de las propuestas desarrolladas?

Visita técnica de fortalecimiento de productos turísticos en la comunidad
Sierra Colorada, Trevelin, Chubut

Hicimos un cambio de mirada sobre los espacios de trabajo y de intercambio de cualquier índole, ya sean talleres, seminarios, congresos, visitas técnicas, encuentros casuales u otros. Nos animamos a identificar las modalidades de articulación que se generan entre el conocimiento científico y los conocimientos del público (lego) en los procesos y vinculaciones que se establecen para la detección de necesidades locales, su formulación a modo de proyectos y la ejecución para la resolución de problemas sociales y productivos en Argentina, así como los flujos del conocimiento presentes en esas dinámicas de trabajo y relacionamiento.

De esos análisis, surge la necesidad de ofrecer espacios permeables a la construcción colectiva, a la apropiación y discusión de conceptos, y a la detección temprana de alianzas emergentes (Gallo, 2016). En los espacios de trabajo conjunto se generan nuevas posibilidades más allá de los objetivos específicos que les dieron origen, canalizar y contribuir a su concreción y desarrollo es también nuestra responsabilidad.

Estas alianzas emergentes generan en sí mismas una nueva red socio-técnica que puede ser analizada, que vincula nuevos actores, tecnologías, relaciones, y que se derivan de la motivación inicial de revalorizar los recursos identitarios de cada comunidad. Estas no están en el mismo nivel de las alianzas efectivamente existentes, pero son interesantes en muchos sentidos: análisis, planificación, reconstrucción analítica de expectativas y negocios complementarios que vienen a fortalecer la propuesta grupal (Gallo, 2016).

La articulación entre instituciones, programas, profesionales y comunidades resolvió la comercialización de la quinoa andina bajo la marca KIUNA, Puna jujeña – INTA y SAF

En ejemplos prácticos, podemos hacer referencia a que, aunque la gente vive en una misma comunidad, en las cercanías o son vecinos, pocas veces hablan sobre lo que son, lo que hacen o lo que querrían ser. Al trabajar conjuntamente en espacios generados para el desarrollo del turismo rural comunitario, los participantes exponen sus capacidades, sus intereses y sus posibilidades. De estas exposiciones, generalmente en un contexto de asombro y reconocimiento, hay un reencuentro desde otro lugar, como posibles socios, como proveedores, como posibles empleadores, etc. Estas alianzas emergentes vienen a generar resultados más inmediatos, fortalecen los lazos sociales y productivos, generan un entramado necesario para el proyecto general de desarrollo turístico. La gente se conoce más, se vincula, se re descubre e impulsa iniciativas.

Estos diálogos espontáneos ejemplifican lo que queremos expresar:

–¿Vos hacés tortas? ¡Yo tengo una casa de Fiestas Infantiles!
–¿Y cuántos caballos tenés? Yo tengo aperos para diez. ¿Hacemos algo?
–Tu restaurante de campo está al lado de mi finca. La gente después de hacer las actividades me pregunta dónde puede comer… ¡Te los mando!
–¿Tenés idea de lo que me cuesta conseguir dulces de calidad para mi hotel? Te voy a visitar y arreglamos.

Como técnicos y facilitadores, estar atentos a estos "momentos" es clave para superar los objetivos iniciales con generación de mayores beneficios para las comunidades y para los emprendedores. La observación y la capacidad de escucha son cualidades necesarias para esta labor, así como atender los procesos y no solo los objetivos finales preestablecidos.

8

El trabajo asociativo
y el concepto de *coopetencia*

El trabajo asociativo que caracteriza al turismo rural comunitario plantea la necesidad de combinar saberes en vinculación con los otros, respetando opiniones y debatiendo temas comunes. La diferenciación entre los proyectos individuales es tan necesaria como el proyecto grupal, para garantizar que los turistas sientan la inquietud de permanecer más días en territorio, visitando varias propuestas y generando ingresos a las familias participantes. Desde esta perspectiva, consideramos el capital humano como herramienta de competitividad, otorgando relevancia a las redes de trabajo.

Entendemos la competitividad desde el concepto de "coopetencia" (Brandenburger y Nalebuff, 1996) que plantea la necesidad de cooperar sin dejar de competir. Desde esta visión, los proyectos poseen grandes valores sociales y culturales comunes, pero también la impronta propia de cada oferta en particular. Esta dinámica colaborativa que no siempre es fácil de sostener en los proyectos comunitarios hace a la diferencia y al atractivo de cada propuesta.

El entendimiento de esta modalidad de trabajo y su aplicación a la oferta turística de los territorios asegura una mayor satisfacción para los turistas y para los locales. Ambas partes se ven beneficiadas y satisfechas al cumplir sus objetivos: los turistas encuentran experiencias memorables (y recomendables a otros) y las familias emprendedoras, los ingresos económicos necesarios para su subsistencia y para dar continuidad a los proyectos propuestos.

Eber y Tanski (2001) advierten que los espacios de colaboración en los que las personas se encuentran con un objetivo común generan vinculaciones en las que las personas se ayudan y aprenden las unas de las otras. Algunas establecen amistades que trascienden el espacio social del grupo. También se compara el grupo con una familia, noción que indica el importante papel que significa la pertenencia a un grupo, pues facilita el acceso a nuevas redes de apoyo fuera de las relaciones de parentesco que existen en la comunidad.

En los espacios de construcción colectiva, los problemas que parecían gigantes de manera individual se consideran con mejores ojos (y perspectivas) al comprender que algunas problemáticas son comunes y/o similares a las de otros integrantes. De esta manera, un problema común a varios actores encuentra también solución comunitaria con la fuerza del trabajo conjunto.

Reunión de trabajo en Alto Río Percy, Chubut

Considerando la relevancia que tiene el asociativismo como medio para mejorar las condiciones de vida, el Instituto Nacional de Tecnología Agropecuaria (INTA), a través de la Gerencia de Gestión de Programas de Desarrollo Rural (programa PROFEDER) y el Instituto Interamericano de Cooperación para la Agricultura (IICA), llevan adelante desde el año 2012 la iniciativa "Fortalecimiento de Capacidades Asociativas de la Agricultura Familiar". En ese contexto, publicaron en 2016 la guía "¿Nos Juntamos?", un material que tiene como propósito brindar herramientas y recursos para promover y fortalecer los procesos asociativos en el territorio.

En ella, se destaca la importancia de asociarse con otros como camino para mejorar sus medios y condiciones de vida. Actuar en forma conjunta –tanto para comercializar sus productos como para adquirir insumos, servicios, herramientas y maquinarias– y aprovechar las ventajas de la asociatividad en términos de desarrollo de capital humano y social pueden mejorar las posibilidades de producción y comercialización de los agricultores familiares.

Los procesos organizativos cumplen un rol fundamental para mejorar las condiciones de acceso a los insumos y servicios, la asistencia técnica, capacitación, financiamiento y el intercambio de información. El asociativismo puede facilitar la integración e inclusión de los agricultores familiares en las cadenas agroalimentarias, promoviendo la vinculación de los productores con la agroindustria, los eslabones comerciales y los consumidores, mejorando así su visibilidad y su poder de negociación. Puede potenciar el aumento de las escalas productivas y el desarrollo de circuitos de comercialización con llegada directa a los consumidores (IICA – INTA, 2016).

Primeras experiencias eco turísticas de las CAMVI, puna jujeña 2017

En palabras de Diego Ramilo, Coordinador Nacional de Transferencia y Extensión de INTA: "El asociativismo permite generar conciencia colectiva, poder político y en este sentido, ciudadanía y gobernanza, entonces el asociativismo es clave como forma de organización de los sectores populares para mejorar sus condiciones de vida en los territorios".

La participación en grupos aporta un valor agregado, que se genera por el incremento de recursos, ideas, capacidades y perspectivas que benefician a todos los integrantes, ampliando sus conocimientos y experiencias. Para que un conjunto de productores sea un grupo, deben conocerse y reconocerse como tal (INTA, 2013).

Las dinámicas internas de los grupos asociativos son cambiantes y el rol del facilitador es clave como mediador y como canalizador de las situaciones que puedan surgir. En este sentido, es importante reconocer los aspectos a considerar en el marco del funcionamiento de los grupos emprendedores, sus alcances y limitaciones.

Para ello, IICA e INTA (2016) plantean una serie de aspectos a tener en cuenta y a los cuales adherimos desde la visión no paternalista y de promoción necesaria de la autogestión de los grupos asociativos, ofreciendo herramientas prácticas y estrategias que puedan ser apropiadas correctamente por los integrantes y que, a la vez, dejen como resultado capacidades instaladas en territorio para un crecimiento continuo de los proyectos.

También entendemos la tarea de los facilitadores como un trabajo artesanal en el que vamos construyendo y poniendo a prueba herramientas, acciones y estrategias, sin recetas preestablecidas y desanimando aquellos modelos que pretenden ser replicables a cada región, sin considerar las particularidades del territorio. Como hemos mencionado antes, no es pertinente a nuestro entender realizar "conciertos" que arrojen dudosos resultados y que no generen la apropiación de las propuestas, causando desmotivación, frustración y fracaso.

Actitudes y responsabilidades esperadas como facilitadores de proyectos asociativos

ACTITUD	Descripción y responsabilidades
Sostener una relación de igualdad	Ser capaces de entablar con el grupo una relación horizontal. En muchas ocasiones, el afán de cuidar y proteger a "nuestro grupo" nos pone en una posición paternalista. En otras, el afán de ver resultados en forma rápida nos impide tener la paciencia necesaria para que el grupo asociativo construya su propio proceso de auto-organización y, en lugar de facilitarlo, asumimos un lugar de conducción que no nos corresponde.En su rol, el técnico debe ubicarse a la par del grupo y nunca por arriba ni por debajo.
Respetar los tiempos del grupo	Cada grupo tiene sus propios tiempos y es muy importante que los respetemos sin forzar etapas ni procesos. Para ello tenemos que desarrollar capacidades de observación, de escucha, y de análisis y reflexión.

Comprometernos con el grupo	Más allá de los proyectos y las tareas, lo importante es acompañar al grupo en el proceso que está desarrollando, estar disponibles para ayudarlos y que ellos visualicen que pueden contar con nosotros. Aunque parezca obvio, cumplir con la palabra y con los acuerdos contraídos, llegar a tiempo a las reuniones y no faltar a los encuentros de trabajo son maneras concretas de expresar este compromiso.
Tener una actitud autocrítica	Si bien esta es una actitud necesaria en los diferentes aspectos de nuestra vida y de nuestra profesión, se vuelve particularmente importante cuando nuestra tarea involucra a otros. Como facilitadores es muy importante que podamos reflexionar sobre nuestra propia práctica, no solo en el sentido de evaluar las actividades sino también como un modo de reducir la carga emocional, evitar la "sobreidentificación" con los grupos con los que trabajamos y mantener la distancia necesaria como facilitadores.
Ser proclives a compartir y hacer circular el conocimiento	El conocimiento es poder y, por lo tanto, quien tiene acceso a él se encuentra en una posición privilegiada con respecto a aquel que no lo tiene. Y si bien existen diferentes tipos de conocimientos y saberes, entendemos que socialmente algunos son más valorados que otros. Este es el caso del saber científico, por ejemplo, al cual hemos podido acceder a través de nuestra formación académica y también del desempeño profesional. El asistencialismo y el paternalismo son dos respuestas típicas de este último caso. Ambas son lo opuesto a cualquier trabajo que busque la facilitación de procesos asociativos, ya que en lugar de la autonomía fortalece la dependencia y favorece la desvalorización. Para que esto no ocurra es fundamental: a) compartir nuestros conocimientos con la gente; b) *reconocer que, así como nosotros poseemos ese saber, la comunidad también tiene el suyo y que ambos son igualmente importantes y necesarios*; y c) ayudar a que la comunidad pueda reconocer, valorar y socializar su propio saber.

Tener disposición a retirarnos	Por lo general, y los que hemos tenido experiencia en el campo del trabajo comunitario lo hemos vivenciado muy de cerca, nos resulta fácil aceptar la idea de que en algunos momentos del proceso asociativo (fundamentalmente al inicio) nuestra presencia en las actividades del grupo es casi indispensable. Sin embargo, y sea cual fuere la razón, así como debemos estar dispuestos a compartir nuestros conocimientos y experiencias, también tenemos que estar dispuestos a retirarnos, en el sentido de dejar que el grupo asociativo se desempeñe más autónomamente. Este acto no implica el "abandono" del grupo sino un cambio de rol más orientado al asesoramiento que a la instancia de trabajo intensiva realizada en momentos de diagnóstico, diseño y desarrollo.
Comprender que el protagonista siempre es el grupo	Más allá de que muchas veces debamos asumir un papel más activo o de coordinación, el protagonista siempre es el grupo, no nosotros. La coordinación siempre tiene que estar al servicio de habilitar procesos de intercambio e interacción entre los integrantes del grupo asociativo, no de monopolizar la palabra o las decisiones.
Considerar la observación y la escucha activa como indispensables	Más allá de las características comunes, cada proceso asociativo es singular. Por esta razón es fundamental que estemos sumamente atentos a todo lo que acontece en el grupo para identificar correctamente las diferentes señales que nos va dando y construir sentido en torno a ellas.
Entender que los procesos asociativos son complejos	Los procesos asociativos son complejos y en ellos convergen múltiples dimensiones vinculadas entre sí (lo organizacional, lo interpersonal, los vínculos con el entorno, entre otras). No es posible comprender estos procesos –y mucho menos facilitarlos– si no se tiene en cuenta esta complejidad.
Asumir que la facilitación no tiene recetas	Así como cada grupo va construyendo sus propias formas de transitar su proceso asociativo, como facilitadores también vamos construyendo maneras singulares de facilitar esos procesos. No hay recetas que sirvan para todos los grupos ni estrategias infalibles para todas las situaciones, aun cuando estas sean similares. La facilitación en cierto sentido es un trabajo artesanal donde vamos construyendo y poniendo a prueba herramientas, acciones y estrategias. Ahí se destaca que lo imprescindible es la dedicación, constancia y perseverancia en el tiempo.

Gallo y Peralta, 2018. En base a IICA – INTA, 2016.

El capital humano y perspectivas de género

El desafío de mirar y articular las relaciones humanas implica mucho de labor artesanal, de paciencia, de empatía, de motivación y de autodescubrimiento. Los facilitadores nos convertimos en "artesanos de las relaciones humanas", y eso nos asigna automáticamente responsabilidades que tienen que ver con las personas y con cuestiones de género que se evidencian en los espacios de trabajo, en las familias que emprenden y en los grupos asociativos y sus dinámicas internas.

El turismo rural comunitario ha levantado durante décadas la bandera de la revalorización del rol de la mujer rural. Simplemente porque es así, porque en entramados socioculturales en los que su rol estaba predeterminado a la crianza de los hijos y a las labores del hogar, el turismo le ofrece nuevas oportunidades como anfitriona, mentora y coordinadora de las actividades. Rompe con la actividad turística el estereotipo de ser "la que no trabaja" a ser quien "aporta ingresos para el sustento familiar".

Entendemos por conductas de género aquellas que son "esperables" con respecto a los roles sociales preestablecidos, las reglas que regulan las relaciones entre varones y mujeres en los ámbitos familiares y públicos.

Para Luna (2018), potenciar el desarrollo emprendedor es clave. Hay actualmente dos corrientes: la más centralizada en el Estado, que en general fracasó; y la más descentralizada, en la que el capital humano es clave. Así, saliendo del reduccionismo de que emprender con los recursos disponibles es suficiente, es elemental considerar que el factor humano es el que determina el éxito de los proyectos. "La respuesta es la gente", dice el autor.

Ahora bien, como en todo ámbito social, en el medio rural existe una diversidad de actores que presentan necesidades y potencialidades específicas, y que necesariamente deben contemplarse en los procesos de desarrollo. Es preciso identificar y conocer los/as sujetos/as que integran las comunidades rurales y reconocer que varones y mujeres participan activamente de la vida social y productiva en las áreas rurales. Sin embargo, ese reconocimiento tiene que visibilizar la marcada asimetría que existe en las relaciones de poder que atraviesan toda la estructura agraria, y que establecen las brechas de género en el acceso, uso y control de los recursos y de los bienes, en las oportunidades, en la participación y en la toma de decisiones (Rojo y Blanco, 2014).

En Argentina, la Constitución Nacional incorporó el derecho internacional de los derechos humanos (art. 75 inc. 22, 1994) y consagró el derecho a la igualdad de las mujeres, a través de la adhesión a la Convención sobre la Eliminación de todas las Formas de Discriminación contra la Mujer (CEDAW), la norma internacional más importante en términos de equidad de género. El artículo 14 de la CEDAW proclama:

Los Estados partes tendrán en cuenta los problemas especiales a que hace frente la mujer rural y el importante papel que desempeñan en la supervivencia económica de su familia, incluido su trabajo en los sectores no monetarios de la economía, y tomarán todas las medidas apropiadas para asegurar la aplicación de las disposiciones de la presente Convención a la mujer de las zonas rurales.

Es esperable y necesario sumar la perspectiva de género a las actividades que se realicen con las comunidades, atentos a las relaciones vigentes y a las oportunidades para alcanzar un mayor grado de equidad. Es responsabilidad de todos romper con los estereotipos participativos del ámbito rural en los que priman las invitaciones a los hombres como tradicionales productores rurales. Las mujeres rurales tienen la "chispa" necesaria para hacer del turismo una actividad que vincula sus vidas y la de sus familias con las producciones tradicionales del agro y con la cultura local.

Valoración de recetas y productos autóctonos, El Cóndor, Jujuy

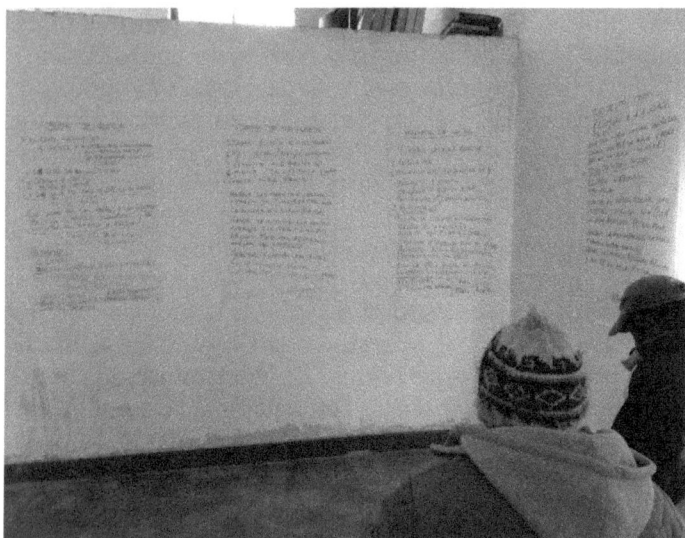

9

Comunicar y comercializar, una actitud permanente

Un error muy frecuente en los emprendimientos y empresas de todos los rubros es no tener en cuenta la comunicación y las estrategias de comercialización como un "modo" o actitud que debe ser constante, permanente y en incesante actualización.

Al momento de definir el modelo de negocio, se perfilan los posibles consumidores de lo que estamos por ofrecer al mercado; en esos momentos de definiciones, se piensa en los gustos de esas personas y en cómo lo que ofrecemos intentará ser una oferta atractiva; también se hace un primer boceto de "cómo llegar a esos clientes potenciales" y se establecen estrategias generalmente estándares (web, folletos, publicidad, redes sociales). La falencia a subsanar es ser innovadores en este sentido, no pensar las herramientas comunicacionales y de comercialización desde el emprendedor solamente (cómo me voy a mostrar a los otros), sino desde las características del consumidor especialmente (qué medios y dónde está el posible cliente, qué hace los fines de semana, qué lee, a qué clubes concurre, que hobbies tiene, cuánto está dispuesto a gastar y por qué, etc.).

Entendemos la comunicación en un sentido amplio. Esto incluye el factor humano de cualquier emprendimiento en el centro de las decisiones y repercusiones para el funcionamiento del negocio. Podemos hacer una gran campaña, pero si quienes atienden al turista no tienen vocación de servicio, no ofrecen palabras amables y no los reciben con una sonrisa, el efecto será contraproducente: estaremos exponiendo lo que decimos ofrecer ante un público que se sentirá incómodo y que les contará a sus amigos o familiares de su mala experiencia, y posiblemente replicará sus opiniones en las redes sociales y portales de consumidores de una manera rápida y viral.

Consideramos también que particularmente el turismo comunitario ofrece muchas posibilidades para trabajar desde el marketing de contenidos, esto es: encontrar en las postales y momentos cotidianos motivos para hacer publicaciones que se abren "como ventanas" para quienes viven en otros lugares en los que la realidad es muy diferente. Esos atractivos que le dan identidad, carácter y particularidad a cada propuesta se convierten en aquellos que podemos comunicar, que podemos utilizar para generar las ganas necesarias para que quien ve, lee, escucha o siente del otro lado piense: "quiero estar allá".

Esto se aplica también a productos autóctonos, a cosas que se pueden mostrar deliciosas desde sus imágenes y descripciones, a artesanías que no solo deben reflejar el producto terminado sino el proceso, manos laboriosas y gente dedicada que mantiene vivos saberes muy representativos de nuestros territorios. "La cosa contada" y puesta en ejemplos prácticos y tentadores es un excelente enlace para atraer clientes nuevos y para fidelizar a los que ya nos conocen.

Folclore en Vinará, Santiago del Estero

A diferencia de otras épocas en las que dar con una imagen que reflejara lo que queríamos mostrar tenía costos y tiempos altos en valor y en espera, hoy la tecnología disponible permite hacer innumerables tomas sin grandes inversiones y poder elegir aquellas que representen lo que queremos trasmitir. Por ello, el énfasis debe estar puesto en "tener en claro qué somos, qué queremos mostrar y cómo queremos que nos recuerden", un guion basado en decisiones del negocio que orientará todas las interacciones con los clientes, ya sea mediante las redes sociales, la atención personalizada, la decoración de los ambientes, las actividades y gastronomía ofrecidas, etc.

En palabras de Capriotti Peri (2009), proponemos una visión global y sintetizadora de la comunicación corporativa desde una perspectiva holística, definiéndola como el sistema global de comunicación entre una organización y sus diversos públicos. Este "sistema global de comunicación" no se refiere a una técnica o conjunto de técnicas de comunicación concretas, sino a una estructura compleja, específica y particular de relaciones que tiene una organización con sus diferentes públicos, en la que se utiliza un conjunto abierto de acciones para generar un flujo de información en las dos direcciones entre los sujetos de la relación (Organización – Públicos), que permita alcanzar los objetivos establecidos por ambas partes. Así, queda de manifiesto que la comunicación de una organización no tiene un enfoque puramente persuasivo (como instrumento de la organización para orientar la opinión de los públicos), sino fundamentalmente una perspectiva más orientada hacia un enfoque relacional (la comunicación como una forma de "poner en contacto" a la organización y sus públicos).

Los libros de visita, una herramienta útil para múltiples acciones

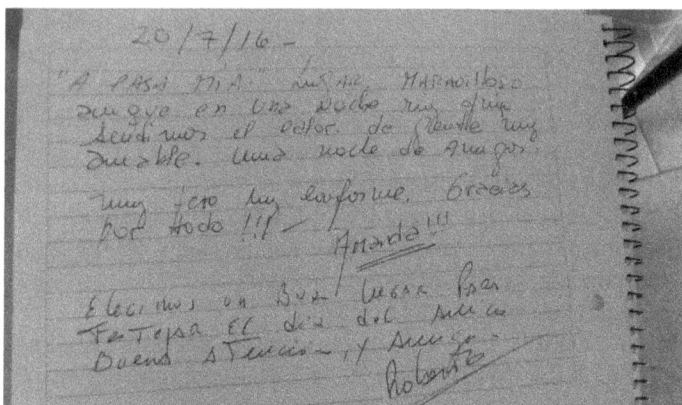

Esto no consiste solamente en qué digo y cómo lo digo, o qué imágenes elijo, o dónde me presento, sino que va más allá involucrando valores, visiones e intenciones de la propuesta turística. Algunas preguntas de autoevaluación permanente que debemos hacernos son: ¿cómo es visto mi/nuestro emprendimiento en la sociedad?; ¿qué mensaje e impresiones se llevan los turistas que nos visitan?; ¿qué impresión tienen de nosotros aquellos que aún no nos conocen personalmente?; ¿hay otros públicos potenciales a los que no estoy llegando?, ¿cómo puedo hacer para llegar a ellos?; en mi segmento de público objetivo (aquel al que dirijo la propuesta y todos los esfuerzos del día a día), ¿hay demandas no atendidas que podemos atender?; con respecto a nuestra competencia, ¿estamos realmente ofreciendo productos diferenciales?; en caso de que no sea así, ¿cómo nos podemos diferenciar?; ¿hay coherencia entre lo que digo que ofrezco y lo que realmente ofrezco a mis clientes?; ¿qué les contamos a los visitantes?; ¿todos los integrantes del proyecto mantenemos un mismo discurso?; si no es así, ¿cómo fortalecerlo?

A continuación, ofrecemos algunas herramientas prácticas (y muy simples) para poder responder a esas preguntas y actuar en consecuencia.

**Autoevaluación de la situación comunicacional y competitiva.
Herramientas prácticas**

Preguntas disparadoras	¿Qué hacer?
¿Cómo es visto mi/nuestro emprendimiento por quienes ya nos visitaron y por quienes nos leen en las redes sociales? ¿Qué impresión tienen de nosotros aquellos que aún no nos conocen personalmente?	Revisar los comentarios en las redes sociales (Facebook, Twitter, Instagram, etc.) y en sitios de construcción colaborativa (Booking, TripAdvisor, etc.). Siempre responder/agradecer/ aclarar.Cada intercambio con otros y/o recomendación a otros amigos es una oportunidad de concretar ventas, de fidelizar, de mostrarles a las personas que "estamos ahí". Para esta opción, es conveniente tener prearmadas propuestas "a medida" y adaptables que puedan ser enviadas por contacto privado.Es necesario hacer esta exploración al menos una vez al día; si tenemos conectividad, con mayor frecuencia.
¿Qué mensaje e impresiones se llevan los turistas que nos visitan?	Una encuesta breve, simple y clara, por mail o mediante formularios digitales, puede ser efectiva. Por ejemplo: ¿Recomendaría nuestro emprendimiento a sus amigos? ¿Por qué? / En una escala de 1 a 10, cómo calificaría: nuestros productos, nuestros servicios, nuestra gastronomía, etc. / Cuéntenos su experiencia.
¿Hay otros públicos potenciales a los que no estoy llegando? ¿Cómo puedo hacer para llegar a ellos?	Analizar permanentemente quiénes eligen las propuestas similares a las que uno ofrece. Identificar quiénes no la eligen, pero se interesan en aspectos de ella (Ej. naturaleza, comidas regionales, relax, actividades de campo, experiencias creativas, etc.).¿Qué hacen estas personas en su tiempo libre, qué medios leen, dónde se encuentran? Son preguntas que nos ayudan a definir cómo llegar a ellos y de qué manera: mediante publicidades, con descuentos por acuerdos con sus clubes y/o empresas que frecuentan, con notas periodísticas de temas de su interés, entre otros.

En mi segmento de público objetivo, ¿hay demandas no atendidas que podemos atender?	Una vez que tenemos claro quién es nuestro segmento objetivo, es necesario poner énfasis en su *perfil* como consumidor. Qué buscan, qué esperan, cuáles son sus expectativas. Y, en consecuencia, ¿estamos ofreciendo todo lo que esperan, todo lo que piden, cubrimos sus expectativas? Si no es así, ¿hay algún punto de eso que nos interesa desarrollar dentro de nuestro modelo de negocio?Recordemos que hay que ser medidos en no convertir nuestro negocio según los requerimientos de la demanda, pero sí debemos estar atentos a identificar en esas demandas, posibles negocios nuevos y complementarios que enriquezcan la propuesta y atraigan más clientes.
Con respecto a nuestra competencia, ¿estamos realmente ofreciendo productos diferenciales? En caso que no sea así, ¿cómo nos podemos diferenciar?	Un buen ejercicio para responder a esta pregunta es hacer una búsqueda en línea para estar al tanto de qué ofrecen emprendimientos parecidos en un radio de 200 km. Es decir, cuando el potencial cliente está indagando qué hacer y dónde comprar, compara infraestructura, distancias, servicios y costos, entre otras variables posibles. ¿Con quién nos están comparando? y ¿cómo nos ven con respecto a los demás? son preguntas que uno mismo puede resolver poniéndose en el lugar del cliente potencial. Hacer este ejercicio como posible consumidor de aquello que ofrezco dinamiza, moviliza e inspira nuevas ideas.También el descubrir oferentes en un radio cercano permite pensar y llevar adelante alianzas que agregan valor diferencial.¿En qué situaciones generamos alianzas? Para vender conjuntamente, para hacer recomendación cruzada de clientes, para complementarnos en servicios, para ofrecer actividades adicionales que no puedo desarrollar como propias, para romper la estacionalidad generando propuestas en temporada baja, entre otras.

¿Hay coherencia entre lo que digo que ofrezco y lo que realmente ofrezco a mis clientes?	Esta es una revisión que implica rever lo que estamos diciendo y mostrando en nuestros medios de comunicación con las personas (redes, web, folletos, ferias, etc.) y confrontarlo con lo que ofrezco en la práctica.En este punto se dan generalmente dos situaciones, una indeseada y la otra deseada.La indeseada tiene que ver con la frustración, la no cobertura de las expectativas del cliente (*no* ofrezco lo que le comuniqué, o el servicio es realmente deficiente); la deseada es cuando uno tiene la habilidad de generar sorpresa superando las expectativas, pensando en los detalles, dando algo más que lo que estrictamente vendí (un aroma, una textura, una atención de bienvenida, un servicio extra, una atención personalizada); aquello que le otorgará un valor agregado a la experiencia, hará sentir especiales y únicos a los clientes y generará ganas de volver y de recomendarles a otros que hagan la experiencia (*boca en boca*).
¿Qué les contamos a los visitantes? ¿Todos los integrantes del proyecto mantenemos un mismo discurso? Si no es así, ¿cómo fortalecerlo?	Cada vez más, un creciente número de turistas busca no solo una vivencia, una experiencia, sino también *relato*, argumento, esas historias que nos enseñan, que nos motivan, que nos dejan mensajes importantes.Cada encuentro entre los visitantes y los locales es una gran oportunidad para el intercambio de saberes y vivencias, para el enriquecimiento mutuo.Esta debe ser una meta y una oportunidad para diferenciarnos de otras propuestas que pueden ser (o parecer) similares a la nuestra. Hay que basarse en la narrativa, en una versión común que todos los integrantes del proyecto respeten. No olvidemos que diferentes versiones de una misma cosa darán una sensación de inseguridad, de engaño, de poca seriedad.Lo que se dice, se responde y se cuenta se acuerda con el equipo. Si se hace de manera colaborativa, la apropiación de los mensajes será mayor.Claro que cada cual pondrá su impronta, pero los contenidos de base deben ser preacordados. De la misma manera, también, es necesario aunar criterios sobre cómo actuar ante una queja, una ponderación o preguntas que puedan ser incómodas.El mejor ejercicio para este punto es escribir, compartir, debatir, aunar criterios, hacer fichas o cuadros conceptuales, orientadores, hasta que todos los internalicen. Esto es de utilidad al momento de ampliar personal para temporada alta, por ejemplo: al sistematizar el discurso y codificarlo, está a la mano para capacitaciones de gente que se incorpora al proyecto, en cualquier momento y según necesidades puntuales.

Gallo y Peralta, 2018. Elaboración propia.

Pasos básicos para una estrategia exitosa

Los pasos básicos para una estrategia de comunicación que arroje resultados concretos y nos permita hacer crecer el negocio los resumimos en los siguientes ítems.

Para cada uno de ellos es necesario detenerse a pensar: ¿cómo se están tomando las decisiones? ¿Se ajustan a los objetivos del negocio? Las acciones realizadas, ¿arrojan resultados? Esos resultados, ¿fortalecen el negocio, ya sea porque nos dan visibilidad, porque nos recomiendan a otros o porque se concretan en clientes directos? Cada acción, ¿qué ingresos/beneficios ha generado? ¿Mi marca representa lo que quiero trasmitir? ¿La recuerdan los clientes?

Esas preguntas se suman a otras que cada emprendedor generará en función de las particularidades de su proyecto, y de las expectativas de crecimiento y funcionalidad que se han propuesto en el modelo de negocio.

Pasos básicos de la comunicación con efecto en la comercialización
de productos turísticos

Puntos a atender	Preguntas disparadoras	¿Qué hacer?
1. Público	¿A quién va dirigido mi mensaje? ¿Qué espera leer/ver ese público?¿Qué marca que identifique lo que hago generará impacto para captar su atención?	Indagar en los gustos y expectativas del público objetivo definido con anterioridad.¿Es un solo público? ¿O tengo productos que se ajustan a diferentes perfiles? En ese caso, a cada propuesta y a cada público objetivo le corresponderá una acción diferente y específica que destaque aspectos que estos están buscando, y que influyen directamente en su decisión de compra.Póngase "en los zapatos" de su posible cliente, qué busca, dónde busca, qué hace en su tiempo libre, etc.Sorpréndalo.*Definir la identidad marcaria y cómo se aplica a cada producto es clave en esta instancia.* El isologotipo y su manual de uso son nuestro "nombre", aquella forma con la cual los turistas nos recordarán y nos recomendarán a otros. También, una marca bien definida y atractiva es clave para atraer miradas, animar a indagar más.

2. Propósito	¿Qué se pretende con esta comunicación? ¿Cómo debe ser el mensaje para lograr el objetivo?	Desde el negocio, establezca qué objetivos persiguen sus comunicaciones (internas y externas) y actúe en consecuencia.Escriba las metas propuestas para un plazo determinado y a cada una de esas metas asígnele acciones específicas: promoción, concursos, notas en medios, participación en ferias, etc. En qué plazos se realizará la revisión de resultados para determinar qué acciones son las más efectivas y para poder redefinir estrategias.
3. Contenido	¿Cómo será ese contenido? ¿Tendrá texto, imágenes, videos? ¿Cuál será su adaptación a los distintos canales de comunicación para que sea efectivo?	Este ítem se relaciona directamente con el anterior. A cada acción debe asignarle el contenido (textos, imágenes, gráficos, estadísticas, fotos, etc.), determinar quién lo producirá, quién o quiénes lo revisarán antes de cada publicación. ¿Quién será el vocero de cada acción? ¿Quién se comprometerá a responder las consultas y a concretar las ventas? ¿Cómo lo hará? ¿Con qué criterios?

4. Canales	En función del público objetivo (1) y de lo que quiero comunicar (2), ¿qué canales de comunicación son los más efectivos?	Entendemos los canales de comunicación en su sentido amplio, esto es: los más tradicionales como la radio, los medios de prensa, correo electrónico, teléfono, la TV, las redes sociales, etc.; y los menos tradicionales pero muy efectivos desde la impresión de recuerdos y experiencias, como son los sentidos (sabores, aromas, texturas, impactos visuales) y las construcciones narrativas desde el relato con participación de los visitantes (fogones, resolución de misterios, reconstrucción de historias, entre otros).El qué hacer pasa entonces por *diseñar los momentos* entendiendo cada uno de ellos como espacios de comunicación:¿Cómo va a ser cada espacio, cada encuentro, con cada experiencia que queremos imprimir en quienes nos visitan, o en los potenciales visitantes? ¿Quién se hará cargo de tener todo listo para ello, quién revisará los resultados de esas vivencias, los comentarios de la gente, las inquietudes, para poder mejorarlo? Esto también comunica, deja precedentes y contribuye considerablemente a mejorar la imagen global del emprendimiento.

5. Periodi-cidad de los mensajes	¿Cada cuánto tiempo debo establecer contacto con mi público? ¿Qué contenido requiere más presencia que otros? ¿Qué debo comunicar en períodos de estacionalidad?	Para determinar la periodicidad de las comunicaciones generadas desde el negocio se debe pensar en la estrategia definida en el punto 2 (propósito). Es decir, a cada comunicación le sigue la acción, y esa acción debe ser de calidad, sostenida en el tiempo, pero también puede cambiar por períodos de estacionalidad. Cada cuánto se va a hacer una comunicación depende directamente del objetivo (intención):-Hay acciones de sostenimiento, presencia, mantenimiento de relaciones y fidelización de clientes que pueden ser diarias, vinculadas a las tradiciones y a la cotidianeidad como atractivo (un paisaje, un amanecer, una fiesta, una comida, un paseo, etc.)-Otras acciones refieren a objetivos puntuales con metas y resultados específicos a fin de lograr clientes para fechas puntuales, jornadas y talleres, degustación de productos, descuentos para parejas, grupos o familias, lanzamientos de productos, etc.En todos los casos, las redes sociales y los sitios de reservas online en los que el producto esté siendo publicado deben ser consultados a diario, a fin de estar atentos a respuestas que se requieran por consultas, a devoluciones por ponderaciones o quejas, a vinculaciones que nos

		hagan con otros usuarios de estos espacios y para no dejar librado al azar el intercambio de opiniones sobre lo que hacemos.
6. Interacciones en las redes y sitios colaborativos	En función de todas las anteriores: si la gente no comenta, ¿cómo puedo generar esas interacciones? ¿Cómo reaccionaré ante las críticas? ¿De qué manera puedo comprometerme para estar al día con las respuestas?	Muchas veces la gente *ve*, pero *no actúa*. Esto causa una sensación de soledad para quienes están tratando de posicionarse. Para romper con esta no acción, hay pequeños trucos interesantes y prácticos:a) Mantener actualizadas las redes sociales y los demás espacios de contacto con el cliente (o potencial cliente) a diario, con novedades simples, puntuales, que generen interés. Ir midiendo su impacto para poder determinar qué "gusta" y genera réplicas en nuestros lectores. b) Generar acciones de participación puntuales: nombrar un corderito recién nacido; invitar a contar la experiencia vivida; generar concursos cortos por beneficios puntuales; etc. c) Realizar acciones por fuera de los espacios virtuales que generaren más movimiento en estos. Esto es: participar de ferias, hacer alianzas estratégicas de posicionamiento, difundir en medios de comunicación, entregar cupones de descuentos que se validen por poner "me gusta", etc. d) No subestimar los medios de comunicación tradicionales en función del público objetivo.

7. Seguimiento y evaluación	¿Hicieron efecto las acciones emprendidas? ¿Qué fue lo que más gustó? ¿Qué contenidos no se llevaron comentarios ni motivaron interacciones? ¿Qué acciones son las que más clientes acercaron al negocio?	Mirar, leer, estar atentos… es clave para poder medir el impacto de las acciones y de las publicaciones. Hacer uso de las herramientas estadísticas propias de cada sitio, así como no descartar Google Analytics u otras herramientas. Paralelamente, comparar cada acción con el resultado en clientes concretos e ingresos para el negocio.Es importante poder llevar un registro de por qué dieron con nosotros, qué los motivó y dónde nos conocieron. Esto contribuye a desactivar o potenciar las acciones que estamos haciendo, permitiéndonos reorientar estrategias con fundamentos empíricos concretos.
8. Redefinición de la estrategia	En función de lo que funcionó mejor y peor, en base a la instancia 7 de autoevaluación, ¿cuál sería la estrategia más efectiva? ¿Qué debo mejorar y que mantener?	Para redefinir la estrategia, en base a los resultados obtenidos en el punto 7, debemos hacer una revisión de aquello que queremos lograr, en qué nicho (público objetivo) y de qué manera. Teniendo especial consideración en potenciar las acciones que más impacto han tenido en el público y en el negocio.

| 9. No perder el foco | ¿Estoy usando correctamente los medios para mi emprendimiento? | Es elemental no mezclar comunicaciones personales, eventos privados, posturas y posiciones políticas y reclamos sectoriales con los canales definidos para la difusión y promoción del producto turístico.Hay que tener en cuenta que captar la atención del público y mantener su interés es una labor que demanda esfuerzo; mensajes que no correspondan con el objetivo de esos espacios puede implicar desinterés inmediato por parte de los lectores, con el correspondiente impacto negativo sobre futuras acciones para nuestros seguidores.El diseño de espacios de diálogo con clientes potenciales y actuales implica un contrato (generalmente implícito) sobre qué se debe publicar y qué no, qué es de interés y qué no. Esto incluye expectativas por parte de los lectores que deben ser satisfechas. |

Gallo y Peralta, 2018. Elaboración propia.

Mejoras para potenciar la comunicación en redes sociales

La actividad turística con criterios de sustentabilidad nos ofrece nuevas y renovadas miradas para el rediseño y fortalecimiento de las empresas de servicios. El turismo vinculado al desarrollo local nos propone una visión holística y de desarrollo de negocios en su contexto social, cultural y ambiental. Esto permite definir estrategias muy variadas de comunicación y comercialización.

Se hace necesario entender los negocios turísticos ya no como unidades aisladas, sino en interacción permanente con el entorno: unidades que animan a los visitantes a comprar en los mercados locales directamente a los productores de la región; que difunden las propuestas culturales y los atractivos de turismo rural de cada destino como agregado de valor a las ofertas tradicionales; que inspiran el diálogo entre actores e instituciones para la salvaguarda de las ciudades y poblados rurales receptores; que promueven el respeto como regente del intercambio de experiencias entre locales y visitantes; que dan el tiempo necesario para que quienes se alejan por un rato de su entorno cotidiano, puedan "desacelerarse" y disfrutar de un mate lento, en el que las palabras y los silencios enriquecen los momentos. Todos estos aspectos, modos de concebir el negocio y valores, son también la esencia de nuestra comunicación.

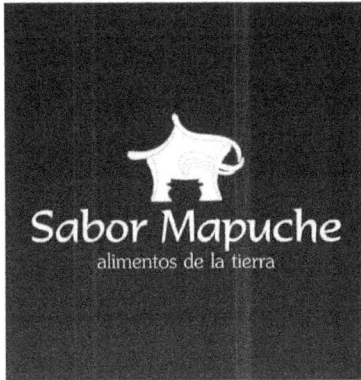

El diseño de marca es clave para la comercialización de los productos. En las fotos: Kiuna, Alto Rio Percy y Sabor Mapuche.

A continuación, y en base al Manual Operativo de Redes Sociales para Destinos Turísticos (INVAT – TUR, 2015), describimos algunos consejos prácticos para mejorar la gestión de contenidos y las interacciones.

- Los espacios de información deben completarse con los datos correspondientes (quiénes somos, datos de contacto y un link a la página web propia).
- Los contenidos deben ser turísticos y de interés para nuestros clientes potenciales.
- Las imágenes de perfil y de portada deben causar una excelente primera impresión, dando motivos para saber más, indagar, revisar contenidos. En este

sentido, todos los recursos gráficos que se incluyan en las estrategias de comunicación y comercialización deben trasmitir lo que queremos, deben ser entendidos como contenidos en sí mismos más allá de los textos descriptivos.

- El estilo de redacción debe ser fresco, claro, breve y puntual; sin faltas de ortografía. Para este último punto hay correctores prácticos que pueden ser utilizados: escribir los textos en un procesador de textos con corrector es un buen ejercicio para ello.

- El espíritu de quien publica debe ser siempre conciliador, mediador, sin entrar en conflicto o tomar partido en debates que puedan surgir. Aclarar, orientar, educar, informar... es importante.

- Los contenidos deben pensarse en función del viaje, generando información previa, otras para ser utilizadas durante la experiencia (mapas, teléfonos útiles, etc.) y consejos prácticos a modo recomendaciones (vestimenta adecuada, botiquín, etc.), entre otros que puedan ser particulares de cada propuesta turística.

- La periodicidad de las publicaciones es importante en las redes sociales, pero adecuarse a esa dinámica requiere práctica. Lo mejor es empezar, establecer una rutina de cargas y, en función de ello, ir adecuando los tiempos del negocio con la gestión de contenidos.

- Es importante recordar que las publicaciones en redes sociales pueden programarse estableciendo día y hora de publicación. Este punto es muy importante para organizar las publicaciones y garantizar periodicidad de carga, más allá de poseer tiempo para hacerlo todos los días y/o conexión a internet de manera constante.

- Las redes sociales son canalizadores y medios de gestión de reputación online. Para ello, algunas redes como Facebook permiten que los usuarios califiquen con estrellas (de 1 a 5), y cuentan con un sistema de opiniones y comentarios que generan una construcción colaborativa de valores.

- La gestión de contenidos puede ir relacionada a plataformas de comercialización de los servicios ofrecidos, aprovechando de esta manera el impulso de compra en tiempo real.

- Es importante destacar que el registro de bases de datos de los turistas, en cualquier formato que cada emprendedor pueda llevar, es un insumo esencial para el diseño de campañas de marketing específicas para fidelizar y/o captar nuevos clientes. Datos como nombre y apellido, mail, procedencia, intereses particulares, preguntas sobre qué hizo en su estadía, etc., son necesarios para estrategias orientadas y exitosas.

A modo de cierre de este capítulo, queremos reafirmar algo que para nosotros es muy importante –y determinante– en el éxito de los emprendimientos de turismo rural: *al definir qué producto vamos a vender, tenemos que identificar a quién y cómo se lo vamos a vender.*

Trabajo en telar en la Casa de las Artesanas de Lago Rosario, Chubut.
En ella participan 50 mujeres que comercializan sus productos al turismo

10

Relaciones institucionales: una compleja trama

En nuestra labor de facilitadores de proyectos de turismo rural con productores y comunidades de pueblos originarios y criollos, es fundamental comprender la red de actores involucrados del sector público y su incidencia desde el punto de vista legal (autoridades de aplicación) o de fomento (políticas turísticas de planificación), por la simple razón de que las instituciones públicas deben guiar o garantizar el desarrollo sustentable de los habitantes del suelo argentino.

En dicho contexto, en los organismos públicos pueden diferenciarse la planta política y los técnicos de los organismos. Los primeros conducen las políticas y están fuertemente influenciados por el gobierno del cual son parte; los segundos procuran que su trabajo de acompañamiento no se vea influido por los tiempos políticos, aunque estos los afectan fuertemente, por ello la planificación de su tarea se realiza generalmente por fuera de los mandatos de gobierno.

Según Velasco (2016), una capacidad que deben tener los gobiernos es decidir cómo se utilizan los recursos. Frente a infinitos problemas y múltiples soluciones, los recursos siempre son limitados. Por eso, la decisión sobre qué recursos se invertirán en cada prioridad del gobierno es un elemento básico para comprender cuáles son los objetivos que realmente se persiguen. No basta con incorporar principios o defender ideas: es necesario dotar de recursos a cada una de las acciones y programas, lo que también supone minorar los recursos dedicados a otras cuestiones. De esta manera, los gobiernos escogen cuántos recursos dedican, en términos de presupuesto, pero también de recursos humanos o tecnológicos, al turismo. Y, dentro de ese ámbito, cuánto dedican a promoción, cuánto a diversificación de producto, cuánto a mejora de infraestructura turística de los destinos.

Por otro lado, existe aun tímidamente un marco legal que guía el desarrollo del turismo rural y que trasciende los gobiernos. Hay algunos casos donde las leyes, decretos, resoluciones, disposiciones y ordenanzas regulan las actividades turísticas en el espacio rural, fomentan la creación de nuevas actividades o protegen la conservación de los recursos naturales y culturales. Este marco legal es generalmente independiente de los tiempos políticos, pero no suele estar actualizado y las instituciones presentan dificultades operativas para su implementación, control y monitoreo.

A todo lo expuesto, es importante agregar también el rol de los actores que ocupan lugares en el poder legislativo (concejales, diputados, senadores), encargados de la promulgación de la legislación y su correcto cumplimiento, quienes muchas veces no están articulados con los actores del poder ejecutivo. Esta desarticulación de visiones e intereses genera contradicciones entre los lineamientos de desarrollo turístico y las normativas que se requieren para su funcionamiento.

En este mundo de relaciones hay muchos intereses puestos en juego desde la actividad turística, y en muchas ocasiones quienes se "sientan" a acordar acciones son los representantes de las cámaras empresarias a las que no pertenecen los proyectos comunitarios o muchos de los oferentes de pequeña y mediana escala. Y lo que vemos, de acuerdo con nuestra experiencia, es que muchas veces dichos acuerdos responden más a beneficios individuales o sectoriales (ej. agencias de viajes) que a una visión de bien común.

Para Jamal y Getz (1999), no todos los sujetos ni todos los actores tienen la misma capacidad de generar estructuras de interlocución con los gobiernos coordinadas y bien organizadas. La estructuración de intereses conlleva un coste alto, en términos de recursos económicos y personales, por lo que resulta más asumible para aquellos actores que tengan más recursos de partida. En el caso del turismo, es evidente que los intereses concentrados y bien organizados son los de la industria turística, en general, dado que hablamos de un fenómeno situado: los intereses de la industria geográficamente vinculada al territorio concreto, la hotelera. Es el subsector de alojamientos el más fuerte y mejor organizado a la hora de situarse como un actor con voz y criterio en el diseño de acciones públicas para el turismo. También el subsector de la intermediación está bien estructurado a través de asociaciones articuladas y con representación. El resto de los actores tienen intereses más difusos y poca capacidad de organización.

Podemos afirmar que la gestión de las instituciones públicas, salvo contadas excepciones, son el principal escollo para la sostenibilidad de los proyectos y el acompañamiento a los sectores menos favorecidos, ya que no entran en sus prioridades de planificación.

Las oficinas municipales de turismo son el principal canal de promoción de los servicios turísticos locales, y muchas veces pueden determinar el éxito de una temporada de verano de una comunidad rural con el solo hecho de mencionar en la información que le transmiten al turista los servicios que allí se ofrecen. Sin embargo, es poco común que los informantes turísticos lo hagan; en cambio, priorizan las ofertas más tradicionales del destino. Esto visibiliza claramente un hecho que se repite en muchas provincias y que refleja la falta de voluntad política para acompañar iniciativas de turismo rural comunitario, no siendo esto prioridad para la gestión municipal ni provincial.

La realización del Chaku, en Jujuy, involucra distintas instituciones
y asociaciones de la Puna

Por otro lado, las habilitaciones, seguros y registros
que se ajustan a normativas vigentes suelen generar
conflictos para el crecimiento de los prestadores de
turismo rural, ya que no se corresponden con una visión
de acompañamiento. Contrariamente, la desmotivación
de los empleados públicos (rutina, no acordar con el
gobierno de turno, falta de capacitación), redacciones
poco claras de las normativas sobre los requerimientos
solicitados y los horarios o distancia de las oficinas
públicas con respecto a la ubicación del prestador se
convierten en trabas para su regularización.

Otro de los puntos a tener en cuenta para comprender la compleja trama de relaciones de las instituciones
es el trabajo en territorio de manera desarticulada. Ello
determina una realidad donde diversas instituciones
públicas llegan a las comunidades con ideas, proyectos o
líneas de acción concretas desconociendo el trabajo de
otras instituciones. Se genera así enojo y resistencia en
las comunidades, que terminan siendo objeto de programas, líneas de trabajo breves que dejan pocos beneficios

para los pobladores y que, incluso, pueden ser contra-
dictorias entre sí. Insistimos en atender los resultados
a modo de autoevaluación con indicadores que midan
el impacto, pero sin descuidar los beneficios para las
personas, quienes creen en las buenas intenciones de
los técnicos del Estado nacional, provincial o local, y se
generan expectativas en consecuencia.

La articulación institucional es muy difícil de llevar
adelante, pero es imprescindible para que la ayuda a
las comunidades rurales llegue de la manera más efi-
ciente y ordenada posible. Se hace necesario coordinar
los objetivos enfrentados en un todo coherente. Incluso
siendo capaz, un gobierno dado, de determinar cuáles
serán las prioridades que guiarán sus acciones, todos los
gobiernos enfrentan la disfunción de que el conjunto
de acciones que se impulsan desde las organizaciones
públicas puede acabar teniendo resultados disonantes
(Peters, 2015). Y es la responsabilidad de los decisores
tratar de coordinar acciones para evitar esas contradicciones (Velasco, 2016).

Las Directrices de Gestión Turística de Municipios
que promueve el Ministerio de Turismo de Argentina
tienen como propósito "aumentar la competitividad del
destino". Estas recomendaciones están relacionadas con
la capacitación de los recursos humanos del sector, la
identificación y fortalecimiento de las relaciones existentes entre el ámbito público y el privado, y el incremento de la satisfacción de los turistas.

La articulación interinstitucional, el asociativismo y la
participación de la comunidad local en iniciativas de interés
turístico son ejes que se abordan desde este programa. En
estas directrices se destaca la importancia de que "el Orga-
nismo Local de Turismo adquiera los conocimientos necesarios vinculados a la gestión de sus relaciones en el ámbito
del municipio y con los principales actores del sector, a fin
de dar coherencia a las políticas y acciones que inciden en
la actividad turística".

   La actividad turística es transversal y compartida entre múltiples actores públicos y privados; para que sus beneficios lleguen a más personas es necesario conseguir una dinámica de cooperación entre los diferentes niveles, las organizaciones y los intereses que se ponen en escena en todas las instancias del proceso de desarrollo.

En Lago Rosario, Chubut, el acceso al lago "cercado por privados" es un limitante que afecta el desarrollo turístico de la comunidad

11

Replanteando estereotipos

En nuestra tarea de técnicos facilitadores de comunidades rurales de Argentina, lo primero que abordamos en cada trabajo es indagar y ponernos de acuerdo sobre la visión que tienen los pobladores locales sobre la actividad turística. Ellos, en muchas ocasiones, no conocen otros rostros más que los de su círculo íntimo ni otro territorio que el de los alrededores de su comunidad; o, por el contrario, y como mencionamos en capítulos anteriores, han tenido malas experiencias al intentar ofrecer actividades para quienes los visitan.

Son diversos los relatos que aparecen al respecto, ya sea por una no valoración de sus saberes y estilo de vida por parte de visitantes o por desacuerdos internos en las comunidades.

Es entonces cuando, apelando a nuestra mayor creatividad y empatía, emprendemos un ida y vuelta de experiencias y opiniones con los actores locales a fin de lograr construir con ellos las posibles ventajas de ser auténticos, de valorar lo que "ellos son" y de ganar la confianza necesaria para comprender que "lo que soy es lo que más les interesa a los visitantes". A diferencia de algunas corrientes erróneas de promoción turística, consideramos que no se debe montar un "show" simplemente para satisfacer las expectativas de la demanda, sino que la clave está en ordenar y articular aspectos de la vida cotidiana para que puedan ser disfrutados por otros, y que en ese disfrute arrojen beneficios tangibles e intangibles a las familias participantes de la propuesta comunitaria.

Claro que en el hacer y en los intercambios nos encontramos con estereotipos muy arraigados que suelen limitar la participación en los debates y en los proyectos. Este espacio pretende desmitificarlos y plasmar frases con las que nos encontramos a menudo cuando trabajamos "tierra adentro".

A cada expresión le corresponde una respuesta que requiere mucha empatía y esfuerzo para romper barreras preestablecidas. Ambas cosas, expresiones y soluciones propuestas, son una invitación a la reflexión para el atento lector, quien seguramente encontrará otras formas también de contribuir a desmitificar esos estereotipos tan arraigados en el ámbito rural.

1. El técnico siempre tiene razón

El técnico puede tener razón, pero no es la voz de la verdad. Es más, generalmente el técnico, por más que tenga la razón, debe dejar lugar a "la razón" de los pobladores locales. Hay tantas verdades como personas en el mundo, por lo tanto "la razón" del técnico solo es una forma de ver un problema o situación.

2. Soy bruto para opinar

Aquí es necesario aportar al poblador local una visión referida a que los saberes aprehendidos en el ámbito rural y su forma de expresarse no significan "ser bruto" o "ser menos que un turista con educación" tradicional de la ciudad. Es un estereotipo instalado en el que el de la ciudad, por ser "más civilizado", podrá imponer su forma de ser y pensar.

Lo que se debe lograr es una interacción donde las dos partes aprendan y se enriquezcan mutuamente, siempre generando espacios de intercambio y respeto. El encuentro de saberes y cultura que promueve el turismo comunitario es justamente eso, un ida y vuelta en el que todos aprenden.

3. A la gente no le va a gustar lo que soy/somos

Nuevamente en estos casos hay que apelar a la empatía en primer lugar, y entender de dónde nace la visión de este mensaje. Una vez comprendida la raíz de dicho pensamiento, es necesario mostrar al poblador local el sinnúmero de oportunidades que puede poner en valor respecto a su cotidianeidad. De esta manera, se destierra el estereotipo y se genera confianza respecto al orgullo de pertenencia a su lugar de origen y su relación con la cultura y las costumbres locales.

4. Hacemos turismo sostenible para los extranjeros / A los del pueblo no les interesa lo que ofrecemos / Todos los de la zona ya conocen los alrededores / Estamos lejos de todo... Nadie va a llegar

Estas frases, que son muy recurrentes en los espacios de trabajo, tienen que ver con preconcepciones sobre "captar a los turistas extranjeros porque pagan en dólares y dejan buenas propinas". Claro que todo eso en parte es cierto y tentador para un pequeño oferente turístico, pero es necesario invitar a la reflexión sobre a qué distancia (en las grandes ciudades) aterriza ese turista deseado, cuántos kilómetros debe hacer, y en qué transporte, para llegar a destino, y si esa aventura se condice con los días de estadía planeados de antemano.

Hecho este ejercicio, se puede entender que la oferta turística rural de base asociativa y comunitaria puede captar un público extranjero circulante en la zona que no se acerca a estas propuestas salvo para festividades o actividades masivas difundidas con anterioridad. Estas propuestas rurales ponen mayor foco en el turista por cercanía. Esto es, aquellos pobladores de localidades y ciudades vecinas (250 kilómetros a la redonda) que creen conocer sus alrededores, pero no es así: los del pueblo y los que ya tienen campo, pero quieren contactarse con otras culturas y otras formas de hacer; quienes tienen parientes en la zona y aprovechando las visitas buscan actividades para realizar;

quienes en familia buscan una excusa para salir; quienes están de paso por la zona; quienes tienen motivos para festejar y necesitan nuevos escenarios; todos ellos, entre muchos otros, son potenciales clientes. Cercanos, a la mano, con poco gasto de movilidad y con grandes inquietudes por conocer cosas nuevas.

Asimismo, desde nuestra visión, posicionar los productos de turismo rural en el ámbito local debe ser una de las primeras metas de los prestadores, para lo cual se pueden ofrecer bonificaciones en el precio o jornadas de actividades culturales gratuitas. El producto turístico debe primero posicionarse localmente para luego salir a vender a otros puntos más lejanos. También es importante destacar que los habitantes de ciudades cercanas serán seguramente el canal de promoción (*boca en boca*) más efectivo para que familiares, amigos o turistas lleguen desde otros lugares.

Pobladores de Nahuelpan, Chubut, cuentan su historia

Postal cotidiana en Sierra Colorada, Chubut

5. Es necesaria una gran inversión para emprender algo

No siempre es necesaria una gran inversión para emprender en el turismo rural. Obviamente, un mínimo de inversión será necesario para poder garantizar la calidad mínima esperada y requerida de cada producto; pero no hay que entender la oferta turística en el espacio rural como una actividad en la que, si no se tienen los mejores colchones, ropa blanca o vajilla unificada, no se podrá ofrecer el servicio de alojamiento o gastronomía. Tampoco hay que confundir lo sucio con lo rústico: es una cuestión de encontrar un equilibrio y saber que el turista que realiza turismo rural desea sentirse "como en casa", pero con todo el carácter propio del lugar que visita.

Hay muchos elementos cotidianos que se pueden poner en valor para ofrecer propuestas de calidad y auténticas sin hacer una gran inversión. Un desayuno o merienda con mate y tortas fritas típicas en un contexto de relatos de la zona (leyendas, historias, demostraciones musicales, etc.); un fogón con comida "al pan", como se hace en muchas regiones de nuestro país y en una ronda de fardos cubiertos con telas rústicas son un ejemplo de ello.

6. En red es muy complicado

Nuestra metodología de trabajo en el desarrollo de proyectos de turismo rural comunitario incluye, necesariamente, la organización social como eje del proceso. Es importante comprender que "entre todos" la tarea va a ser mucho más llevadera.

Además, el trabajo en red ofrece otros beneficios que potencian los productos ofrecidos: contratación de servicios conjuntos, mejores posibilidades de negociar con proveedores, fuerza político-institucional, mayores posibilidades de mantener una oferta constante (aunque alguien no pueda, siempre otros estarán para recibir al turista), contratación de capacitaciones, entre otros. Trabajar en red es complicado, pero los beneficios superan las dificultades que deben afrontarse en los distintos momentos de madurez grupal.

Es importante entender que los grupos de trabajo están integrados por personas con motivaciones e intereses diferentes que se ponen en juego; por ello, son frecuentes las internas, los enojos y también los malentendidos. En dicho caso, es necesario abordar el problema dejando que las partes involucradas den su visión y entre todos buscar las vías de solución más viables. En el peor de los casos, uno o varios integrantes dejarán el grupo, que de por sí es versátil y estará en permanente cambio, movimiento y actualización.

7. Me voy a llenar de plata con el turismo de nicho

La actividad turística en el espacio rural se presenta como una oportunidad para diversificar la producción estándar agrícola y/o ganadera, generalmente de subsistencia. Los ingresos económicos de los productores de agricultura familiar convertidos en prestadores de turismo son complementarios a la actividad principal. Ello significa que los ingresos provenientes de la actividad turística son una ayuda para sus economías y, en esta afirmación, el "llenarse de plata" no es viable.

Sí, se producen cambios positivos y muy valorados como lo es alcanzar metas antes no posibles: ampliar la casa, cambiar el auto, comprar un nuevo caballo para que los niños vayan a la escuela, mejorar la alimentación y la atención en salud, entre otros aspectos que le dan un valor social muy importante al desarrollo turístico en comunidades rurales.

Es recomendable informar a los turistas de qué manera los ingresos que generan en su visita contribuyen a mejorar la calidad de vida en la comunidad: esto redundará en mayores recomendaciones.

8. Acá no hay nada para ver... Otros tienen lagos, montaña... playa

En varios talleres, reuniones o visitas a predios ha aparecido este tipo de comentarios y el resultado luego del abordaje técnico es sumamente enriquecedor. Lo importante es no detenerse en "lo que no tenemos", sino en aquello que "nos hace diferentes" y que se vincula con nuestra cotidianeidad.

A modo de ejemplo, destacamos el resultado de los talleres de trabajo coordinados por quienes suscriben en las IV Jornadas de Medios de Vida Sostenible, ciudad de San Pedro, Misiones (septiembre 2015) con productores y comunidades originarias de la región. Como dinamizadores, pudimos trabajar con ellos para ir desde el "todo está hecho" a descubrir que "hay mucho por hacer". Como caso, los representantes de Ingeniero Juárez, Formosa, identificaron recursos y saberes locales, para detectar oportunidades: safaris fotográficos, senderos de interpretación y valoración del bosque nativo, excursiones de pesca, dialectos, entre otros.

Papelógrafo del Taller de Turismo Sustentable. IV Jornadas de Medios de Vida Sostenible, ciudad de San Pedro, Misiones (2015)

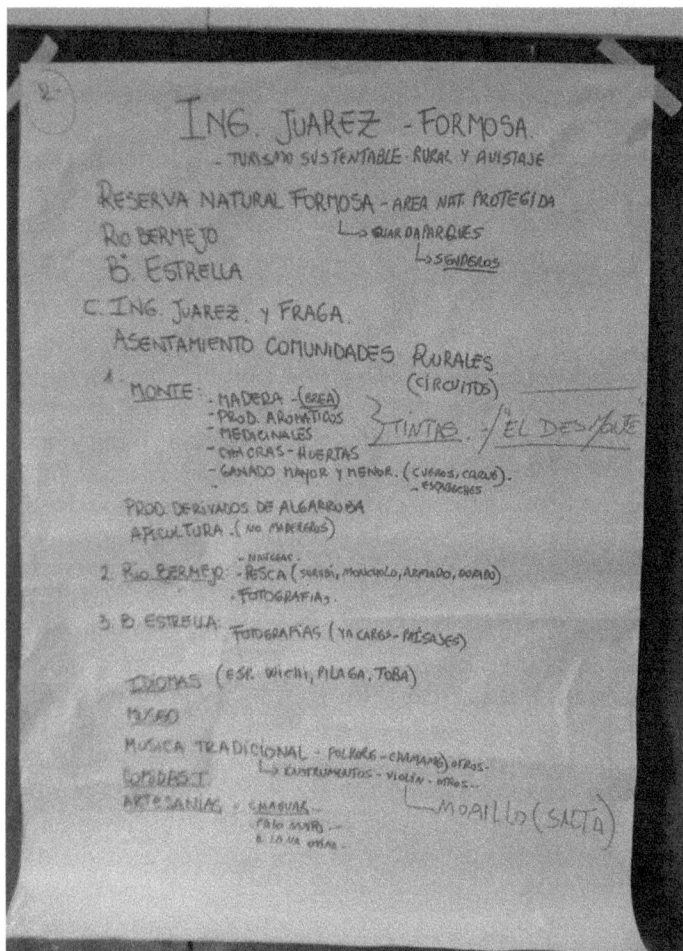

9. *Es tarde para aprender*

Nunca es tarde para aprender, intercambiar ideas y construir en grupo. El trabajo colaborativo implica necesariamente aprender conceptos, dinámicas y de los saberes de los demás. Es necesario reparar en este punto para poder construir propuestas sólidas y acordes a los valores locales que se quieren trasmitir. Acompañar estos procesos e identificar esas inquietudes que pueden estar frenando la participación de algunos integrantes es indispensable en nuestro rol como técnicos facilitadores. En este punto, se ponen en juego la intuición y la observación como herramientas.

Es necesario comprender que no solamente no "es tarde para aprender", sino que además, en la mayoría de los proyectos de turismo rural comunitario en los que participamos como técnicos, las personas de mayor edad son quienes aportan la experiencia y en ella se incluyen innumerables contribuciones referidas a los saberes tradicionales que hacen a la identidad local. Es un ida y vuelta interesante vincular nuevos conocimientos (sobre todo referidos a la tecnología) con antiguos saberes donde los más jóvenes enriquecen su saber local.

10. *Voy a ser esclavo de mi proyecto*

No necesariamente quien emprende en esta actividad debe ser "esclavo de su proyecto". De hecho, incentivamos a que no sea de esa manera para evitar el desgaste excesivo y el abandono del negocio. Cada oferente debe decidir su modelo de negocio, y en él establecer los días y horarios en los que ofrecerá el/los servicios. Como actividad complementaria, lo que no quiere decir de menor calidad, cada responsable adecuará esas definiciones a lo que pueda cumplir, según la ayuda que pueda tener, y considerando los recursos necesarios disponibles para la propuesta.

Es importante recordar que como emprendedores cada cual es dueño de su proyecto, que funciona en la dinámica grupal de turismo comunitario y que implica responsabilidades. Si digo que abro los fines de semana, y así se informa en distintos medios de comunicación y en la oficina de turismo más cercana, el día en que decido (por cualquier motivo) no abrir, corresponde que lo informe en los mismos canales. No hay sensación más frustrante para los turistas que llegar a un lugar en el que les dicen que "la familia está" y no encontrar quien los atienda.

Por supuesto, las reservas previas mitigan estas desilusiones, pero la prolijidad y la coherencia también.

11. Lo que comemos no les va a gustar

Hemos sido muy insistentes en no mostrar un show y en mantener la autenticidad como regente de los productos turísticos. Esto aplica sin excepción a las recetas. La clave no es alterarlas, sino elegirlas de la mejor manera para que sean lo más acordes a los distintos paladares posibles. Es importante para el proyecto mantener algún sabor exótico, contarlo de esta manera viste la experiencia, que puede ser o no del agrado del visitante.

A medida que se avanza en el ejercicio práctico de interacción con los turistas, será más simple identificar aquellas comidas que tienen más aceptación, y cuáles no tanto. De hecho, esto también se puede contar.

12. No voy a saber cómo explicar

Uno de los errores más comunes en el diseño de las propuestas turísticas con pobladores locales es dar por sentado que los actores y responsables de atender a los turistas sabrán intuitivamente cómo hacerlo. No es así. Acompañar el armado del relato y el "cómo será la actividad" es necesario para el éxito. Esta es también labor de los técnicos facilitadores en territorio, quienes, con un poco de ingenio, pueden llevar tranquilidad en el "aprender haciendo" con cada uno de los oferentes.

13. La estacionalidad nos desarmará el proyecto

La estacionalidad de la actividad turística es determinante para la continuidad de muchos proyectos. La clave está en poder romperla, plantear actividades diferentes según cada época del año, aprovechar las temporadas bajas (con menos afluencia de turistas) para hacer acciones de prensa (invitar a periodistas a pasar unos días y conocer las propuestas), para generar sensibilización social sobre las actividades (invitar a referentes locales a los que la gente les pregunta en los pueblos cercanos "¿qué más se puede hacer?"), entre otras acciones posibles en las que la creatividad juega un rol muy importante.

Es relevante poder prever los meses de mayor actividad turística y los momentos del año en los que el movimiento merma, para de esa manera planificar las actividades del grupo en base a los meses en los que se requiere mayor presencia de los integrantes.

14. A los medios de comunicación no les interesan notas tan simples

Hay que analizar qué entendemos por "simples" e indagar sobre las notas que eligen los medios especializados. En este punto, el eje de trabajo es definir qué contenidos podemos ofrecerles a los medios de comunicación que sean actuales, que despierten interés y que nos permitan llegar a los potenciales clientes de nuestras propuestas. Siempre hay cosas atractivas que decir, que mostrar, que enseñar. Indagar sobre este punto en relación directa sobre la imagen que se quiere trasmitir "hacia afuera" es un ejercicio muy interesante no solo para la prensa, sino para ganar madurez en el grupo y unificar el discurso.

La experiencia nos muestra que son diversos los medios de comunicación y periodistas independientes interesados en poder mostrar algo "distinto", que rompa los moldes del turismo tradicional. Y en ese esquema el TRC se posiciona generalmente como atractivo para la redacción de notas.

15. La gente viaja a descansar y dormir

Hay gente que viaja para descansar y dormir, pero hay muchos otros que viajan para hacer nuevas experiencias, actividades, vincularse y andar. Pero hay que estar atentos porque estos últimos, más activos, también querrán descansar en algún momento. Garantizar los servicios necesarios para los distintos públicos es necesario, y profundizar en los gustos y expectativas de nuestros posibles clientes es un factor interesante de éxito. ¿Qué esperan? ¿Qué querrán hacer? ¿Con quién querrán interactuar? ¿Qué desean aprender? He ahí algunas preguntas que debemos hacernos.

16. El turista paga solo lo que puede ver, tocar o comer

Esto es relativamente cierto. Hay una tendencia mundial y en permanente crecimiento a comprar intangibles: experiencias, compartir el momento, escuchar un relato, aprender un dialecto y otros atractivos. Estos no necesariamente involucran lo tangible, sino que ponen en juego emociones, sensaciones y saberes. Un ejercicio interesante es analizar la oferta actual en este sentido y poder inspirar nuevas variantes para los negocios en funcionamiento y para los que están en etapa de diseño. ¿Qué está buscando la gente? ¿Qué comenta en redes sociales sobre sus momentos de ocio? ¿En qué invierte su tiempo mi cliente potencial?

La fauna es un atractivo que convoca cada vez más miradas.
(Foto: J. M. Silva)

17. Emprender en familia es una pesadilla / Los que no se suman al negocio familiar traicionan la causa

Los negocios familiares son intrincados y también los más frecuentes en turismo rural. Al igual que trabajar en red, tienen grandes ventajas y requieren de grandes esfuerzos, paciencia y tolerancia. A la vista del turista, los negocios familiares tienen un atractivo en sí mismos por su idiosincrasia, por los valores, por el trabajo conjunto, por los beneficios compartidos.

Los que no se suman al negocio familiar no traicionan la causa: no es obligación participar y es sano que otros integrantes tengan metas de vida propias por fuera del emprendimiento. De hecho, esto en ocasiones genera beneficios extras ya que quienes no están abocados a la actividad turística abren posibilidades a nuevas redes de contactos, pueden hacerse cargo de algún aspecto que el día a día no permite, pueden colaborar desde otro lugar sin ser socios del negocio, simplemente por ser familia.

No debemos olvidar que el turismo es un trabajo como cualquier otro, que permitirá entradas y salidas, contrataciones por fuera del núcleo familiar, entre otros tantos aspectos.

18. Ofrecele un asado al paisano y te va a decir que no

Es como decir que uno no puede invitar a cenar a un amigo cocinero. No olvidemos que lo que cada uno hace a diario agota, que hasta el paisano que hace los asados en el campo vecino puede optar por ser homenajeado con su familia en una comida típica igual o diferente, pero que simplemente no sea cocinada por él.

Es interesante trabajar y discutir este aspecto, ya que con frecuencia hay expresiones similares que frenan acciones de promoción, como decir: "si en el pueblo todos tienen un pariente con campo, ¿por qué van a venir?"; lo que no se analiza (y hay que mirar) es: ¿qué motivo les podemos dar para que vengan?

19. El turismo ensucia

Prever el impacto de la actividad turística es base de todo diseño de proyecto. ¿Qué hará la gente con sus residuos?; ¿cómo ayudaremos a disponerlos?; si son actividades en ambientes naturales, ¿quién se hará cargo de juntar papelitos, botellas y otros posibles de ser desechados para asegurarse de que sean depositados donde se debe?; ¿qué instrucciones debemos dar a los visitantes y con qué fundamentos? Estas preguntas hallarán respuesta en el trabajo grupal y en la distribución de roles de cada actividad. Sin planificación, generalmente se genera suciedad.

20. Si nos mostramos, esto estalla y se vuelve un barrio privado

Esta afirmación tiene sus motivos. Muchos pueblos y parajes rurales prístinos que fueron visualizados por la actividad turística terminaron en manos de privados que redefinieron el carácter del lugar, aquel que había dado motivo a la apertura al turismo. Este aspecto se debe abordar simultáneamente a las primeras reuniones de trabajo en las que las autoridades municipales deben participar.

Si no se logra la participación, los emprendedores pueden acercarse a las instituciones locales a plantear esta preocupación para que se vaya previendo (si no existe) una regulación y planificación de desarrollo urbano que establezca reglas específicas para evitar el impacto. Conservar la identidad del lugar es una de ellas.

21. A las instituciones no les interesa el desarrollo turístico

Esta afirmación es general, pero hay que indagar por qué se hace y en qué contexto. En nuestra experiencia, suele referir a que diversificar propuestas estandarizadas y que funcionan bien en algunos destinos es una tarea difícil, pocas veces acompañada por las autoridades locales. Esta falta de acompañamiento se suele dar porque se considera que como destino "la oferta turística ya funciona y todo lo demás complica".

La pregunta a hacerse en este punto es: ¿para quién funciona?, y ¿de qué manera el turismo rural puede dar motivos a esos visitantes a quedarse más tiempo en la región, generando más beneficios para más personas? Una vez identificados estos aspectos, es necesario insistir con el pedido de reuniones para lograr el acompañamiento necesario de las instituciones competentes.

22. Los jóvenes se van, no queda nadie para trabajar

Ante la falta de oportunidades en su lugar de origen, los jóvenes migran: esta afirmación es correcta. Lo que se debe atender es qué motivos les puede dar la actividad turística para regresar. En varias localidades en las que hemos trabajado no sólo muchos no se van, sino que al haber empleo muchos otros deciden volver.

En esta afirmación es importante destacar que, en el desarrollo del turismo rural comunitario, la participación de los jóvenes es fundamental. Por ello apelamos a la transmisión de saberes y la generación de oportunidades laborales que permitan visualizar en las nuevas generaciones el futuro de la comunidad.

Hay que considerar que llegado el momento en el que los jóvenes concluyen sus estudios secundarios, es necesario alentarlos para que formen su profesión y adquieran herramientas y conocimientos teóricos que luego puedan aplicar en su comunidad.

Reflexiones finales

De acuerdo con la experiencia y los saberes compartidos, podemos considerar la puesta en valor del espacio rural para la actividad turística como un proceso positivo, tanto para mantener vivas las costumbres y saberes tradicionales como para el desarrollo económico de las comunidades rurales involucradas.

En todos los casos, creemos importante remarcar que lo *cotidiano para los habitantes de la ruralidad es lo atractivo para el visitante*. En esas palabras se refleja la principal premisa de nuestra labor: aportar a la consolidación de la identidad local, aquello que hace únicos a los pueblos rurales de Argentina y que los distingue de cualquier otro lugar del mundo, ya sea por sus actividades cotidianas, los oficios históricos, los nombres vulgares de la flora y la fauna, las recetas compartidas de generación en generación, los mitos y las leyendas, los lugares comunes para los pobladores o las fiestas populares, entre otras características.

Este libro aporta una visión basada en experiencias que han tenido éxito y que en la actualidad se siguen consolidando. Pero entendemos que no es la única forma y que existen tantas adaptaciones a la metodología como comunidades rurales, cada una con un proceso de desarrollo acorde a sus tiempos, a sus experiencias y a su visión del turismo.

Si hemos logrado inspirar y hemos contribuido con herramientas prácticas para desandar estos desafíos con mayor participación de los actores locales, habremos cumplido nuestro objetivo para esta publicación.

Entendemos que deben existir, mínimamente, los siguientes escenarios para poder desarrollar una oferta de turismo rural comunitario:

- En principio, la organización social: el grupo de trabajo debe estar coordinado y avanzar cada uno con su rol establecido. Generalmente se deriva luego en formas legales de organización, como cooperativas (comunidad de Puerto Patriada, por ejemplo) o asociaciones civiles (como es el caso de Alto Rio Percy); estas figuras organizan, permiten formalizar las alianzas y generan mayores oportunidades para presentar proyectos en ventanillas de financiamiento. En su seno, se persigue como objetivo principal una meta simple e importante: aportar al bien común.

- Se debe tener siempre presente que el carácter de surgimiento de las ideas y acciones debe tener un orden endógeno, esto es, deben ser impulsadas por actores locales con su manera de entender el pasado y ver el futuro. De esta manera los proyectos contarán con una base sólida que le dé sustento en el tiempo, con el orgullo de pertenencia de la población local con respecto a los proyectos y con una evidente apropiación de los objetivos cumplidos.

- Otro de los aspectos relevantes que deben estar presentes en las comunidades son las instituciones locales o actores comprometidos en el rescate del valor patrimonial. De esta manera, los museos, centros de interpretación, escuelas u otras instituciones pueden colaborar con la vigencia del relato de antiguos pobladores, con la valorización de elementos tangibles y la significancia de elementos intangibles, para que los jóvenes continúen con el legado de sus mayores y se fortalezca la identidad local. En este aspecto es importante entender que la puesta en valor del patrimonio nunca será positiva sin la intervención de los actores e instituciones locales. Si ello no sucede, se puede caer en el gravísimo error del uso del patrimonio solo con fines turísticos y comerciales, y su casi anunciado impacto negativo acompañado de la pérdida de autenticidad.

• Asimismo, es relevante para el trabajo como técnicos en el espacio rural el entendimiento y la comprensión de la compleja trama de relaciones institucionales que existe en el territorio, partiendo de una premisa fundamental centrada en que para el poblador local se trata de la misma figura: el Estado. Así, es fundamental indagar acerca de las experiencias pasadas, ya sean negativas o positivas, y las intervenciones actuales del sector público o de ONG, para poder elaborar una estrategia de articulación que permita que las acciones no se superpongan, no se repitan o –peor aun– no muestren visiones opuestas. La articulación y el orden son esenciales para evitar que el poblador local se desgaste y pierda la motivación de llevar adelante el proceso de apertura al turismo rural comunitario.

Teniendo en cuenta esas condiciones básicas para el desarrollo de ofertas de turismo rural, es relevante comunicar a otros técnicos, productores o comunidades que están pensando en incursionar en el turismo comunitario que en la totalidad de las experiencias en las que hemos trabajado los beneficios han sido muchos más que los impactos negativos. Hay momentos de muchísima alegría y gratificación, aquellos que se logran cuando el visitante agradece con emoción el servicio ofrecido, o cuando se realiza una cena de fin de año y se evalúan las metas alcanzadas. Son momentos en los que las palabras no alcanzan y las miradas de gratificación de los pobladores hacia nosotros como "sus técnicos" son el mejor y mayor precio que nos pueden pagar por nuestro trabajo.

Los beneficios llegan cuando se desarrolla un proceso de sustentabilidad y se comprende el escenario de acción de cada comunidad. Sin embargo, es importante no priorizar sólo los aspectos económicos, ya que se pierde lo más relevante de cada etapa del desarrollo turístico: la autenticidad y el compromiso local.

Para concluir, es importante dejar en evidencia una vez más la increíble oportunidad que tiene Argentina para el desarrollo de su espacio rural por medio de proyectos de turismo comunitario. Actualmente, se alinean varios aspectos que permiten ver al turismo como "la opción" de zonas rurales en las que las políticas son desfavorables, debido a la visión de un progreso capitalista que genera la migración de jóvenes, la pérdida de saberes tradicionales y el impacto en sus recursos naturales.

Los que trabajamos en el desarrollo del turismo rural de gestión participativa esperamos que las políticas públicas dejen de apuntar a un turismo "ideal", propio de otros destinos nacionales e internacionales, y se alcance el entendimiento necesario para llevar adelante una visión centrada en fortalecer nuestra identidad. Nuestro país necesita una planificación que plantee lo autóctono y el impulso del turismo en espacios rurales como la opción a considerar.

Esta actividad nos hace únicos en la oferta, muestra la calidez de nuestra gente y, lo más importante, colabora en el desarrollo sustentable al que aspiramos como Nación.

Bibliografía

AGHON, G. (2001) "Desarrollo económico local y descentralización en América latina". Revista de la CEPAL, 1-49.

ALBURQUERQUE, F. (2006) *Clusters, territorio y desarrollo empresarial: diferentes modelos de organización productiva.* Cuarto Taller de la Red de Proyectos de Integración Productiva BID/FOMIN, San José, Costa Rica.

ALBURQUERQUE, F. (2004) "Desarrollo económico local y descentralización en América Latina". Revista de la CEPAL, 82, 157-171.

AROCENA, J. (1995) *El Desarrollo Local, un desafío contemporáneo.* Centro Latinoamericano de Economía Humana, Universidad Católica del Uruguay. Venezuela, Editorial Nueva Sociedad.

BENÍTEZ ARANDA, S. (2009) "La Artesanía Latinoamericana como factor de desarrollo económico, social y cultural: a la luz de los nuevos conceptos de cultura y desarrollo". *Revista C&D Cultura y Desarrollo* (6). https://goo.gl/K6oKiV.

BIJKER, W, E. (2010) "Different Forms of Expertise in Democratising Technological Cultures. Experiences from the current Societal Dialogue on Nanotechnologies in the Netherlands" en Bijer, W. E., Volonté, E., Grasseni, C. *Technoscientific dialogues. Expertise, Democracy and Technological Cultures,* Italian Jounal of Science & Technology Studies, 1 (2), pp. 121-140.

BOISIER, S. (2004) "Desarrollo endógeno. ¿Para qué? y ¿para quién?". Ponencia en el Primer Seminario Internacional "La Agenda del Desarrollo en América Latina. Balance y perspectivas". Centro de Estudios sobre Desarrollo y Estrategias Territoriales CEDET, Buenos Aires.

BRANDERBURGER, A. y NALEBUFF, B. (1996) *Coopeten-cia*. Buenos Aires, Grupo Editorial Norma.

BUTLER, R. W. (1980) "The concept of a tourist area cycle of evolution: Implications for management of resources". *Canadian Geographer* 24 (1): 5-12.

CAPRIOTTI PERI, P. (2009) *Branding Corporativo. Fundamentos para la gestión estratégica de identidad corporativa*. Santiago de Chile, Colección Libros de la Empresa.

CROVA, J., PERALTA, J. M. (2013) *Proyecto de Turismo Rural de Alto Río Percy*. II Foro Latinoamericano de Desarrollo Sostenible, Rosario, Santa Fe.

DEMARCHI, G. (2006) Conflictos en la gestión del territorio: el caso de la comunidad mapuche de Lago Rosario. Versión facilitada por el autor.

EBER, C., y TANSKI, J. (2001) "Obstacles Facing Women's Grassroots Development Strategies in Mexico". *Review of Radical Political Economics*, 33(4), 441-460.

FALCÓN, J. P. (2014) "Tendencias globales de desarrollo del turismo". *Redmarka*. Revista Digital de Marketing Aplicado, p. 35-67.

FAO (2016) *Consentimiento libre, previo e informado (CLPI). Un derecho de los Pueblos Indígenas y una buena práctica para las comunidades locales*. Editado por fao.org.

FLAVIAN, C. y FANDOS, C. (Coords.) (2011) *Turismo gastronómico. Estrategias de marketing y experiencias de éxito*. Zaragoza, Prensas Universitarias.

FULLER, S. (1988) *Social Epistemology*. Bloomington, Ind., Indiana University Press.

GALLO, G., y FERNÁNDEZ, S. (2017) "Espacios de capacitación e intercambio de experiencias de Turismo Rural para el desarrollo de los pequeños pueblos entrerrianos". Semana de la Investigación, el Desarrollo y la Innovación: 11 al 15 de septiembre de 2017. Universidad Nacional de San Martín – UNSAM. Buenos Aires.

GALLO, G. (2016) *De carros, bueyes, personas e instituciones: La alianza socio-técnica "Escuela de Carreros" en la mitigación del impacto del desempleo en la comunidad rural Alto Rio Percy, Chubut.* Máster en CTyS – Universidad Nacional de Quilmes (UNQ). Inédito.

GALLO, G. (2014) "Valorización responsable de la fauna doméstica y silvestre en actividades de recreación del consumidor urbano". II Jornadas de Extensión Universitaria del MERCOSUR. UNICEN. Tandil, Buenos Aires.

GALLO, G., y PERALTA, J. M. (2014) "El turismo rural comunitario como viabilizador para la revalorización de culturas y recursos". IV Jornadas sobre turismo y desarrollo: Innovación como elemento diferenciador. Instituto de Investigaciones en Turismo y Departamento de Turismo de la Facultad de Ciencias Económicas de la Universidad Nacional de La Plata (FCE-UNLP).

GALLO, G., GONZÁLEZ, O., y VIEITES, C. (2013) *La extensión como herramienta para el agregado de valor a las actividades relacionadas con fauna silvestre.* Libro de Edición propia. Disponible en CED- FAUBA: https://goo.gl/jZRNSq.

GALLO, G. (2013) "Efectos del turismo rural sobre la psicología individual y comunitaria". Primer Congreso Latinoamericano de Psicología Rural. Posadas, Misiones, Argentina.

GALLO, G. (2013) "La necesidad de la interdisciplinariedad y de la formación de equipos para formulación de proyectos e intentar solucionar problemas". Primer Congreso Latinoamericano de Psicología Rural. Posadas, Misiones, Argentina.

GALLOPIN, G. (2003) *Sostenibilidad y desarrollo Sostenible: un enfoque sistémico.* Cepal. Manual 64. Santiago de Chile, Naciones Unidas.

GONZÁLEZ ARENCIBIA, M. (2006) *Una gráfica de la Teoría del Desarrollo. Del crecimiento al desarrollo humano sostenible.* Edición electrónica disponible en https://goo.gl/movu58.

GUASTAVINO, M., ROZEMBLUM, C. B., y LANCE, F. (20 de mayo de 2016). "El turismo rural como contribución al desarrollo territorial". https://goo.gl/HXK9Bc. Recuperado el 20 de mayo de 2016.

HALL, M., y MITCHELL, R. (2003) "Consuming tourists: food tourism consumer behaviour". En Hall, M. et al. (ed.) *Food Tourism Around The World – Development, Management and Markets.* Oxford, Elsevier, pp. 60-80.

HALL, M., y MITCHELL, R. (2001) "Wine and food tourism". En Douglas, N., y Derrett, R. (ed.) *Special Interest Tourism: Context and Cases.* Brisbane, John Wiley & Sons, pp. 307 – 339.

INVAT – TUR (2015). *Manual Operativo de Redes Sociales para Destinos Turísticos.* Agencia Valenciana del Turisme. Invat.tur. España.

JAMAL, T. y GETZ, D. (1999) "Community roundtables for tourism-related conflicts: the dialectics of consensus and process structures". *Journal of Sustainable Tourism,* 7 (4/4), pp. 290–313.

KERR, K. (1990) "Crafts development potential in the outer islands and forestry regions of Indonesia". Informe sobre un trabajo para el Proyecto de Estudios Forestales UTF/INS/ 65. (Inédito). Documentos de la FAO. Consultado: enero 2018.

LEAL LONDOÑO, M. P. (2013) *Turismo gastronómico y desarrollo local en Cataluña: El abastecimiento y comercialización de los productos alimenticios.* (Tesis Doctoral), Universidad de Barcelona, España. Disponible en https://goo.gl/ZSyswv.

LORENZO LINARES, H., y MORALES GARRIDO, G. (2014) "Del desarrollo turístico sostenible al desarrollo local. Su comportamiento complejo". Universidad de Ciego de Ávila (Cuba). En *Revista Pasos*, Vol. 12 nro. 12. pp. 453- 466.

LUNA, J. P. (2010) *Marco Jurídico en el que se inscriben los derechos indígenas*. Inédito.

MALDONADO, C. (2005) *Pautas metodológicas para el análisis de experiencias de turismo comunitario*. Oficina Internacional del Trabajo (OIT). Disponible en https://goo.gl/rYx46W.

MASCARENHAS, R. y GÁNDARA, J. (2010) "Producción y transformación territorial. La gastronomía como atractivo turístico". En *Revista Estudios y Perspectivas en Turismo*, Vol. 19. Buenos Aires, Centro de Investigaciones y Estudios Turísticos. pp. 776-791.

MIKLOS, T., y TELLO, M.E. (1993) *Planeación Interactiva. Nueva estrategia para el logro empresarial*. México, Limusa, Noriega editores.

MONTERO, C. y PARRA, C. (2001) "Casos locales: El clúster del ecoturismo en San Pedro". En *Memorias del seminario internacional del ecoturismo: políticas locales para oportunidades globales*, CEPAL, Santiago, pp. 93-114.

MONTERRUBIO, J. C. (2009) "La comunidad receptora: Elemento esencial en la gestión turística". Gestión Turística, N° 11, Jun. 2009, pp. 101-111.

OEA – CICATUR (1978) "Base Metodológica para la Planificación Física del Turismo". Sexto Curso Interamericano de Planificación del Desarrollo Turístico. Julio – Diciembre. México.

OEI, Organización de Estados Iberoamericanos para la Educación, la Ciencia y la Cultura. (s. f.): *Cultura y desarrollo*. Disponible en https://goo.gl/HGjQrW.

OLIVEIRA, S. (2011) "La gastronomía como atractivo turístico primario de un destino. El Turismo Gastronómico en Mealhada – Portugal". Estud. perspect. tur. vol. 20 no. 3. Ciudad Autónoma de Buenos Aires ene./jun. 2011.

OIT (1996) Convenio Nro. 169 sobre Pueblos Indígenas y Tribales en Países Independientes. San José, Costa Rica.

OMT (2017) Segundo informe de la OMT sobre turismo gastronómico: sostenibilidad y gastronomía. San Sebastián (España), en cooperación con el Basque Culinary Center. https://goo.gl/yZV4UD.

OMT y PM ONU (2016) El sector turístico y los Objetivos de Desarrollo Sostenible – Turismo responsable, un compromiso de todos. Organización Mundial del Turismo y Red Española del Pacto Mundial de Naciones Unidas. España.

OMT (2016) Red de Gastronomía. Plan de Acción 2016 / 2017. Disponible en: https://goo.gl/Xe1Jj4

OMT, Organización Mundial del Turismo (s. f.) Definición de turismo sustentable. Obtenido de: https://goo.gl/kSxnXd.

OMT, Organización Mundial del Turismo (2014) Recomendaciones de la OMT por un turismo accesible para todos. Madrid, España. https://goo.gl/ifSvNY.

OMT, Organización Mundial del Turismo (2013) Estudio sobre el turismo y el patrimonio cultural inmaterial. Biblioteca Virtual. Disponible en: https://goo.gl/4iQQ-Fa.

OMT, Organización Mundial del Turismo (2012) Global Report on Gastronomy Tourism (Informe mundial sobre turismo gastronómico). https://goo.gl/ba4hmv.

ONU y OMT y otros (1995) Conclusiones. 1ª Conferencia Mundial para el Turismo Sostenible. Lanzarote, España.

ONU y OMT, Organización de las Naciones Unidas & Organización Mundial de Turismo (2001) Código Ético Mundial para el Turismo. Disponible en: https://goo.gl/dByx2j.

PINCH. T. y BIJKER, W. (2008) "La construcción social de hechos y artefactos: o acerca de cómo la sociología de la ciencia y la tecnología pueden beneficiarse mutuamente". En THOMAS, H. y BUCH, A. (Coords.) *Actos, actores y artefactos. Sociología de la Tecnología.* Bernal, Editorial de la UNQ, pp. 19-62.

PINE, J. y GILMORE, J. (1999) *La economía de la experiencia (The Experience Economy)*, Boston, Harvard Business School Press.

PMA – Programa Mundial de Alimentos de las Naciones Unidas (2008) *Evaluación de Impacto del Proyecto: Promoción del Desarrollo Sustentable en Microcuencas Altoandinas- PER 6240.* Lima, Perú, Ediciones PMA.

RICAURTE QUIJANO, C. (2009) *Manual para el diagnóstico turístico local.* México, Escuela Superior del litoral.

ROMÁN, F., y CICCOLELLA, M. (2009) *Turismo Rural en la Argentina: concepto, situación y perspectivas.* Instituto Interamericano de Cooperación para la Agricultura (IICA). https://goo.gl/AxuuFf.

SAGASTI, F y ARÁOZ, A. (1998) *La planificación CyT en los países en desarrollo.* México D. F., Fondo de Cultura Económica.

UNESCO – ORCALC (2005) "La Artesanía, factor de Desarrollo Socio-Económico y Cultural en Mesoamérica y el Caribe Latino". Oficina Regional de Cultura para América Latina y el Caribe.

UNESCO (2003) Convención para la Salvaguardia del Patrimonio Cultural Inmaterial. París. Disponible en: https://goo.gl/qgNsEi.

186 Turismo rural comunitario

VARISCO, C., CASTELLUCCI, D., GONZALEZ, M. G. y otros (2014) "El relevamiento turístico: de CICATUR a la planificación participativa". VI Congreso Latinoamericano de Investigación Turística. FATU, UNCOMA, Neuquén.

VELASCO, M. (2016) "Entre el poder y la racionalidad: gobierno del turismo, política turística, planificación turística y gestión pública del turismo". *Revista PASOS*. Vol. 14 No. 3. Special Issue, pp. 577-594.

Los autores

Graciela Inés Gallo

Directora del Centro de Emprendedores y directora de la Licenciatura en Administración Hotelera de la Escuela Argentina de Negocios (EAN). Licenciada en Comunicación Social (UNLP) con especialización en Turismo Rural y Desarrollo Sustentable. Docente Autorizada de la Universidad de Buenos Aires (UBA). Técnico Asesor del Instituto Nacional de Tecnología Agropecuaria (INTA) Argentina. Nacida y criada en Ranchos, General Paz, Provincia de Buenos Aires (Argentina).
graciela.gallo@gmail.com / www.gracielagallo.com

Juan Manuel Peralta

Licenciado en Turismo (Universidad Blas Pascal) con especialización en Turismo Rural Comunitario. Facilitador de proyectos en comunidades rurales de la provincia de Chubut. Agente Territorial del Nodo Bosque Andino Patagónico de la Dirección de Bosques del Ministerio de Ambiente y Desarrollo Sustentable de la Nación. Técnico Asesor del Instituto Nacional de Tecnología Agropecuaria (INTA) Argentina. Docente en la Escuela Secundaria Orientada en Turismo Nro. 705 de Trevelin. Nacido y criado en Esquel, Chubut (Argentina).
jpturismo@yahoo.com.ar

Esteros del Iberá, Corrientes. Dando paso a una familia de carpinchos

Este libro se terminó de imprimir en octubre de 2018 en Imprenta Dorrego (Dorrego 1102, CABA).

www.ingramcontent.com/pod-product-compliance
Lightning Source LLC
Chambersburg PA
CBHW020354270326
41926CB00007B/427